Alexander Hedenig

Analyse der Wintertemperaturen in Tirol mit Mann-Kendall-Dreiecken

AF881779

Alexander Hedenig

Analyse der Wintertemperaturen in Tirol mit Mann-Kendall-Dreiecken

Lehrbuchverlag

Imprint

Any brand names and product names mentioned in this book are subject to trademark, brand or patent protection and are trademarks or registered trademarks of their respective holders. The use of brand names, product names, common names, trade names, product descriptions etc. even without a particular marking in this work is in no way to be construed to mean that such names may be regarded as unrestricted in respect of trademark and brand protection legislation and could thus be used by anyone.

Cover image: www.ingimage.com

Publisher:
Der Lehrbuchverlag
is a trademark of
International Book Market Service Ltd., member of OmniScriptum Publishing Group
17 Meldrum Street, Beau Bassin 71504, Mauritius

Printed at: see last page
ISBN: 978-620-2-49063-4

Copyright © Alexander Hedenig
Copyright © 2019 International Book Market Service Ltd., member of OmniScriptum Publishing Group

Abstract

Ziel dieser Arbeit ist es, durch die Analyse von homogenisierten Datenreihen einen signifikanten Trend in den Wintertemperaturen in Tirol zu erkennen. Dazu werden Mann-Kendall Trend Tests für verschiedene Breiten eines Trendfensters durchgeführt, wodurch es zur Ausbildung eines Dreiecks kommt, das somit als Mann-Kendall-Dreieck bezeichnet wird. Je schmäler das Dreieck wird, desto breiter ist das Trendfenster. Daher können an der Spitze des Dreiecks die langfristigen Trends, am Boden des Dreiecks die kurzfristigen Trends in den Wintertemperaturen abgelesen werden. Das Minimum der Breite des Trendfensters, über welches ein Mann-Kendall Trend Test durchgeführt wird, beträgt 20 Jahre. Als Datengrundlage wurden homogenisierte Monatsmittelwerte von Berg- und Talstationen von Tirol und dessen Umgebung aus dem HISTALP-Datensatz verwendet. Dabei besitzt die Messstation Innsbruck-Universität mit 241 Jahren die längste Messreihe der Talstationen. Bei den Bergstationen besitzt die Schmittenhöhe die längste Messreihe mit 138 Jahren, gefolgt vom Sonnblick mit 131 Jahren. Sowohl für die Talstationen als auch für die Bergstationen konnte eine langfristige Erwärmung in den Wintertemperaturen festgestellt werden. Die Talstationen verzeichnen vor allem in den letzten 50 Jahren einen starken Anstieg der Wintertemperaturen. Auf den Bergstationen ist in den 1980ern eine sprunghafte Erwärmung zu erkennen, danach kam es kurzfristig zu einer Abnahme der Wintertemperaturen. Daher sind zwischen 1984 und 2014 für den Mittelwert der Bergstationen Patscherkofel, Schmittenhöhe, Sonnblick und Zugspitze signifikant negative Trends in den Wintertemperaturen zu beobachten, wobei ein Trendfenster auch eine Breite von 30 Jahren erreicht. Diese Abnahme entspricht nicht dem langfristigen Trend und ist auf die hohe Variabilität der Wintertemperaturen durch Änderungen in der atmosphärischen Zirkulation zurückzuführen. Außerdem konnte eine stärkere Zunahme der Wintertemperaturen in den Tallagen gegenüber höheren Lagen in den letzten 50 Jahren festgestellt werden. Diese stärkere Erwärmung der Wintertemperaturen in niedrigen Lagen wird als negatives Elevation-Dependent Warming bezeichnet.

Inhaltsverzeichnis

Kapitel 1

Einleitung

1.1 Motivation

Die Wintertemperaturen in Tirol unterliegen sehr großen Schwankungen und oft sprunghaften Entwicklungen (Gobiet et al. (2017)). Das liegt daran, dass sehr viele verschiedene Einflüsse von Änderungen in der atmosphärischen Zirkulation (Ceppi et al. (2012)) bis hin zur globalen Erwärmung auf sie einwirken. Umso schwieriger ist es, einen genauen Trend der Wintertemperaturen festzustellen und diesen auf bestimmte Ursachen zurückzuführen. Außerdem erscheinen immer wieder Studien, welche die Zunahme der Wintertemperaturen und somit den Einfluss des anthropogenen Klimawandels auf die Wintertemperaturen verneinen. Aigner et al. (2018) behaupten bespielweise, dass die Wintertemperaturen in den letzten 30 Jahren auf den Bergen Tirols um 1.3°C abgenommen haben. Des Weiteren zeige sich in den letzten 50 Jahren weder eine nachhaltige Erwärmung noch eine Abkühlung. Sechs der letzten zehn Winter seien kälter als das 50-jährige Mittel. Im Gegensatz dazu stellten Wang et al. (2016) bei der Untersuchung der Jahresmitteltemperatur von 2781 Stationen weltweit im Zeitraum zwischen 1961 und 2010 fest, dass die Erwärmung von höhergelegenen Stationen wesentlich stärker als die Erwärmung von Stationen niedrigerer Seehöhe ist. Begert and Frei (2018) berichten hingegen bei ihrer Entwicklung eines neuen Datensatzes für die Schweiz von einer stärkeren Erwärmung unter 1000 m im Winter und über 1000 m im Sommer. Nun stellt sich also die Frage, ob die Erwärmung im Winter in Tirol ebenfalls in den Tallagen stärker als auf den Bergen ist oder ob die Wintertemperaturen dem globalen Trend mit stärkerer Erwärmung in höheren Lagen folgen.

1.2 Aktueller Stand der Forschung

1.2.1 Langfristige Zunahme der Wintertemperaturen in den Alpen

Zur Zunahme der Wintertemperaturen in den Alpen gibt es noch relativ wenig Daten. Viel öfter werden Veränderungen in den Jahresmitteltemperaturen untersucht, seltener jedoch jahreszeitliche Mittel. Begert and Frei (2018) entwickelten für die Schweiz eine Zeitreihe von Monatsmitteln der Lufttemperaturen, welche bis 1864 zurückreichen. Dabei werden Daten von homogenisierten Langzeitserien von 19 Stationen mit Daten eines hochauflösenden Gitterdatensatzes einer kürzeren Periode (20 Jahre) kombiniert. Des Weiteren wurden die Temperaturzeitreihen nicht nur für die gesamte Schweiz, sondern auch für drei Subregionen berechnet, nämlich für die Schweiz südlich des Alpenhauptkammes sowie für die Schweiz nördlich des Alpenhauptkammes oberhalb und unterhalb von 1000 m Seehöhe. Südlich des Alpenhauptkammes wurde keine Unterteilung durchgeführt, da die wenigen Stationen meist oberhalb von 1000 m Seehöhe liegen. Je nach Lage und Höhe der Stationen bekommen diese für die Berechnung der neuen Temperaturzeitreihe für die gesamte Schweiz und ihre Subregionen eine unterschiedliche Gewichtung. Dabei ist festzuhalten, dass auch Stationen nördlich des Alpenhauptkammes, vor allem jene über 1000 m Seehöhe wie zum Beispiel der Säntis, auch einen Einfluss auf die Temperaturzeitreihe südlich des Alpenhauptkammes haben können. Grund dafür ist die geringe Anzahl an Stationen südlich des Alpenhauptkammes.

Begert and Frei (2018) erhalten nun eine mittlere Erwärmung von 1.22°C/100 Jahre für die Wintermonate Dezember, Jänner und Februar in der gesamten Schweiz. Im Vergleich mit den übrigen Jahreszeiten besitzt der Winter die geringste Zunahme der Temperatur. Der lineare Trend der Herbstmonate September, Oktober und November zeigt mit 1.36°C/100 Jahre hingegen die stärkste Erwärmung. Frühere Zeitreihen zeigen jedoch einen um 0.13°C höheren Trend für die Wintertemperaturen in der Schweiz. Grund dafür ist, dass der alte Datensatz nur aus 12 Stationen besteht, welche gemittelt worden sind. Da sich die meisten Stationen in Tallagen beziehungsweise am Schweizer Plateau befinden, ist es zu einer Überbewertung dieser Stationen gekommen. Die Stationen unter 1000 m Seehöhe zeigen jedoch eine stärkere Erwärmung der Wintertemperaturen. Dadurch ergeben sich auch die höheren Werte in der Zunahme der Wintertemperaturen im alten Datensatz im Vergleich zur neu entwickelten Zeitreihe.

Gobiet et al. (2017) führten eine Analyse der langfristigen Entwicklung der hochalpinen Wintertemperaturen der Ostalpen nördlich des Alpenhauptkammes durch. Dabei wurden Temperaturzeitreihen von drei Gebirgsstationen verwendet: Im Osten die Stationen Sonnblick (3105 m) und Schmittenhöhe (1973 m) und im Westen die Station Säntis (2502 m). Zur Veranschaulichung der Veränderung der Wintertemperaturen wurden mittels Regression lineare Trends für drei 30-jährige und eine 90-jährige Mittelungsperiode im Zeitraum zwischen 1927 und 2017 berechnet. Die langfristigen Trends von allen drei Messstationen sind deutlich positiv und liegen zwischen 0.22°C pro Jahrzehnt am Sonnblick (Abbildung 1.1) und 0.24°C pro Jahrzehnt auf der Schmittenhöhe (Abbildung 1.2). Die 30-jährigen Perioden zeigen jedoch teilweise abnehmende Trends, vor allem die letzte 30-jährige Periode zwischen 1987 und 2017, dargestellt in blau in Abbildung 1.1 und 1.2. Vergleicht man jedoch die 30-jährigen Temperaturmittelwerte der drei 30-jährigen Perioden 1927-1957 (rot), 1957-1987 (grün) und 1987-2017 (blau), erkennt man, dass die letzte Periode hoch signifikant wärmer ausgefallen ist als die beiden Perioden davor.

Gobiet et al. (2017) stellten fest, dass kleine Änderungen in der Wahl des Zeitraumes, über den eine lineare Trendanalyse durchgeführt werden soll, zu großen Unterschieden im Ergebnis führen können. Somit kommt es bei der Berechnung von Trends der Wintertemperaturen mit zu kurzen Perioden zu Ergebnissen, die nicht dem langfristigen Trend entsprechen und eher zufälliger Natur sind. Grund dafür ist, dass die hochalpinen Wintertemperaturen von Jahr zu Jahr sowie von Jahrzehnt zu Jahrzehnt sehr stark variieren. Außerdem finden die Erwärmungen oft sprunghaft in kurzer Zeit statt. Gobiet et al. (2017) bezeichnen daher eine Periode von 30 Jahren für die Berechnung von langfristigen Trends der hochalpinen Wintertemperaturen als zu kurz. Folglich können auch keine seriösen Vorhersagen der Wintertemperaturen im Alpenraum für die kommenden 5 bis 10 Jahre durchgeführt werden, da kurzfristige Schwankungen überwiegen. Der langfristige Erwärmungstrend wird sich jedoch auch in Zukunft fortsetzen und somit steigt auch das Risiko, ungewöhnlich warme Winter zu erleben, von Jahr zu Jahr an.

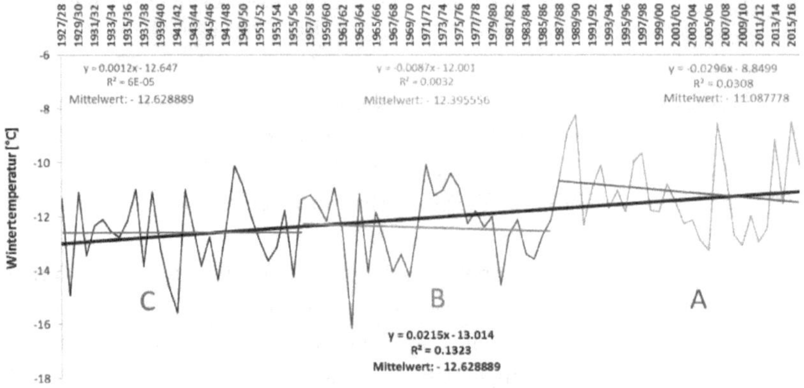

Abbildung 1.1: Wintertemperaturen der Station Sonnblick (3105 m) zwischen 1927/28 und 2016/17 (schwarze, dünne Linie). Die dicke, schwarze Linie stellt den linearen Trend über die gesamte Periode und die blaue, grüne und rote Linie den linearen Trend für die jeweilige 30-jährige Teilperiode dar. Quelle: Gobiet et al. (2017)

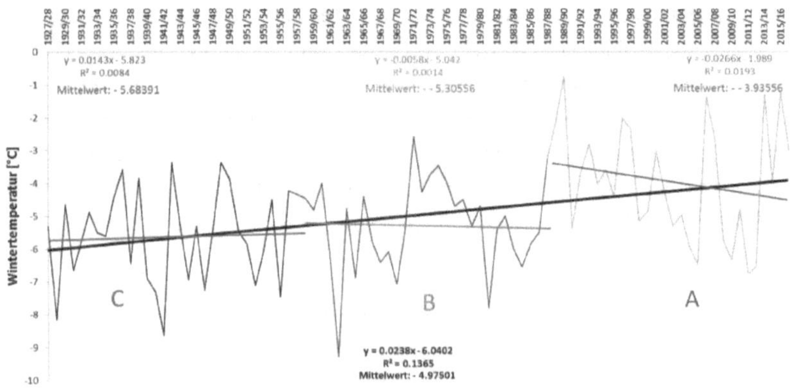

Abbildung 1.2: Wintertemperaturen der Station Schmittenhöhe (1975 m) zwischen 1927/28 und 2016/17 (schwarze, dünne Linie). Die dicke, schwarze Linie stellt den linearen Trend über die gesamte Periode und die blaue, grüne und rote Linie den linearen Trend für die jeweilige 30-jährige Teilperiode dar. Quelle: Gobiet et al. (2017)

1.2.2 Elevation-Dependent Warming

Die Temperaturen nahe der Oberfläche können deutlich von der Seehöhe abhängen, wobei eine stärkere Erwärmung meist in höheren Lagen beobachtet wird (Gobiet et al. (2014)). Bei der Untersuchung von 2781 Stationen weltweit stellten Wang et al. (2016) fest, dass die Erwärmung in höheren Lagen (> 500 m Seehöhe) in einem Zeitraum zwischen 1961 und 2010 1.24-mal stärker als in niedrigeren Lagen (< 500 m Seehöhe) gewesen ist. Die Gründe für von der Seehöhe abhängige Temperaturtrends sind vielfältig. Sie beinhalten neben großskaligen Änderungen in der Zirkulation der Atmosphäre auch von der Höhe abhängige Änderungen in der Energiebilanz der Oberfläche verursacht zum Beispiel durch einen Rückgang der Schneebedeckung oder auch Änderungen in der zur Oberfläche gerichteten Energieflüsse ausgelöst beispielweise durch eine höhere Transmissivität der Atmosphäre. Höher gelegene Orte können vor allem im Winter von Grenzschicht-Prozessen teilweise entkoppelt werden und somit stärker beeinflusst werden von Bedingungen in der freien Atmosphäre und weniger von lokalen Effekten, wie zum Beispiel Luftverschmutzung und Temperaturinversionen nahe der Oberfläche (Gobiet et al. (2014)). Im Folgenden werden die verschiedenen Ursachen für Elevation-Dependent Warming näher beschrieben.

Schnee-Albedo-Feedback

Einer der wichtigsten Gründe für die stärkere Erwärmung in der Arktis ist das Schnee-Albedo-Feedback, aber es hat auch einen starken Einfluss auf höher gelegene Regionen, welche im Winter von Schnee bedeckt sind (Pepin et al. (2015)). Einen besonders starken Einfluss auf die Erwärmung in höheren Lagen hat das Schnee-Albedo-Feedback im Frühling (Ceppi et al. (2012)). Durch die höheren Temperaturen im Frühling beginnt die Schneedecke früher zu schmelzen. Somit zieht sich die Schneebedeckung schneller zurück und es kann mehr Strahlung absorbiert werden. Folglich kommt es zu einer stärkeren Erwärmung (Pepin et al. (2015)). Ein ähnlicher Prozess findet durch die Erhöhung der Baumgrenze statt. Die Bäume besitzen eine niedrigere Albedo als die Wiesen und somit kommt es zu einer zusätzlichen Erwärmung (Pepin et al. (2015)).

Wolken

Einen starken Einfluss auf die Erwärmung haben auch Wolken. Änderungen in der Wolkenbedeckung und den Wolkeneigenschaften beeinflussen sowohl die kurzwellige als auch die langwellige Strahlung und somit die Energiebilanz an der Oberfläche. Wolken beeinflussen auch die Erwärmungsraten in der Atmosphäre durch Kondensation. Durch das Freilassen von latenter Wärme wird es in der Nähe des Kondensationsniveaus zu verstärkter Erwärmung kommen. Wenn das Kondensationsniveau nun ansteigt, wird es unterhalb der neuen Wolkengrenze zu einer Abkühlung und oberhalb der neuen Wolkengrenze zu einer Erwärmung kommen und somit das Elevation-Dependent Warming unterstützen (Pepin et al. (2015)). Des Weiteren wurde auf dem Tibetischen Plateau eine Zunahme der Bewölkung in der Nacht beobachtet, was zu einem Anstieg der Minimumtemperaturen führte (Pepin et al. (2015)).

Wasserdampf

Je höher der Gehalt von Wasserdampf in der Luft ist, desto höher ist die atmosphärische Gegenstrahlung. Diese Beziehung ist jedoch nicht linear mit höheren Sensitivitäten bei niedrigen Werten von spezifischer Feuchte. Daher kann eine kleine Zunahme in Wasserdampf bereits einen erheblichen Einfluss auf die zur Oberfläche gerichtete langwellige Strahlung haben. Da in höheren Lagen geringere Werte spezifischer Feuchte registriert werden, führt eine Änderung des Wasserdampfes in höheren Lagen zu einer verstärkten Erwärmung (Pepin et al. (2015)).

Aerosole

Der Großteil der atmosphärischen Aerosole ist in den niedrigeren Lagen konzentriert. Dies führt zu einer dortigen Abnahme der kurzwelligen Strahlung. Durch den geringen Anteil an Aerosolen in höheren Lagen spielt dieser Effekt dort jedoch nur eine kleine bis gar keine Rolle (Pepin et al. (2015)). Im Himalaya wurden jedoch in einer Höhe von 5000 m Seehöhe hohe Werte von Rußpartikeln beobachtet. Grund dafür ist die starke Nordströmung in der Vormonsun-Saison, welche die Aerosole bis in eine Höhe von 10 km transportiert. Durch die auf Schnee und Eis abgelagerten Rußpartikel wird nun mehr Strahlung absorbiert und somit die Albedo reduziert (Pepin et al. (2015)).

Wie die genannten Ursachen nun zusammen interagieren und welche von ihnen dominieren, ist nur schwer herauszufinden und hängt sowohl von der Jahreszeit als auch von der Lage auf der Erde ab (Pepin et al. (2015)). Beispielweise findet das Schnee-Albedo-Feedback seinen Höhepunkt im Frühling (Ceppi et al. (2012)). Andererseits wird eine höhere Konzentration von Rußpartikeln und die damit verbundene höhere Absorption kurzwelliger Strahlung hauptsächlich in Asien, speziell im Himalaya, festgestellt (Pepin et al. (2015)). Im folgenden Kapitel 1.2.3 wird nun noch speziell auf die bisherigen Ergebnisse für Elevation-Dependent Warming im Alpenraum eingegangen.

1.2.3 Elevation-Dependent Warming im Alpenraum

Im Gegensatz zum globalen Trend wurde in verschiedenen Regionen der Alpen, wie zum Beispiel in der Schweiz und in Trentino, ein negatives Elevation-Dependent Warming festgestellt (Philipona (2013), Tudoroiu et al. (2016)). Philipona (2013) führte die stärkere Erwärmung in Tallagen hauptsächlich auf einen Rückgang anthropogener Aerosole in Europa seit Mitte der 1980er Jahre zurück. Dadurch trifft mehr kurzwellige Strahlung auf die Oberfläche ein, wodurch es zu einer Zunahme der Temperatur kommt. In höheren Lagen hat die Abnahme anthropogener Aerosole kaum Auswirkungen auf die kurzwellige Strahlungsbilanz am Boden, weil die Aerosolkonzentrationen generell gering sind. Nach Philipona (2013) trägt der Rückgang anthropogener Aerosole zu zirka 50% der Erwärmung seit 1981 in den Tallagen bei. Die andere Hälfte geht auf die Erhöhung von Treibhausgasen und der damit verbundenen Zunahme von einfallender, langwelliger Strahlung zurück. In höheren Lagen lässt sich die Erwärmung jedoch hauptsächlich auf den Treibhauseffekt und einem gegenüber den Tallagen viel stärkeren Wasserdampf-Feedback zurückführen.

Tudoroiu et al. (2016) analysierten Temperaturzeitreihen von 28 Wetterstationen aus Trentino zwischen einer Seehöhe von 84 und 2125 m im Zeitraum von 1975 – 2010. Dabei beobachteten sie an Stationen im Tal eine stärkere Erwärmung als an Stationen am Berg. Als Ursachen nannten sie neben einer Reduktion von anthropogenen Aerosolen auch eine zunehmende Aufforstung von 13.7% in Trentino zwischen 1976 und 2010. Da Wälder eine geringere Albedo als Wiesen und Weiden besitzen, komme es zu einer erhöhten Absorption kurzwelliger Strahlung und somit zur Erwärmung. Ein direkter Zusammenhang zwischen der beobachteten Erwärmung und der Aufforstung konnte jedoch nicht festgestellt werden. Dennoch sollte der Einfluss von Landnutzungsänderungen auf die Änderung von Albedo und der damit verbundenen Änderung der kurzwelligen Strahlungsbilanz nicht unterschätzt werden.

Wie bereits im Kapitel 1.2.1 beschrieben, entwickelten Begert and Frei (2018) nicht nur eine neue Temperaturzeitreihe für die gesamte Schweiz, sondern auch für drei Subregionen, nämlich für die Schweiz südlich des Alpenhauptkamms sowie für die Schweiz nördlich des Alpenhauptkamms oberhalb und unterhalb von 1000 m Seehöhe. Dabei erhielten sie für die Wintertemperaturen unterhalb von 1000 m Seehöhe eine Zunahme von 1.43°C/100 Jahre, jedoch für oberhalb von 1000 m Seehöhe nur eine Zunahme von 1.10°C/100 Jahre. Auffallend ist, dass zu allen anderen Jahreszeiten die Erwärmung oberhalb von 1000 m Seehöhe stärker als unterhalb von 1000 m Seehöhe ausgefallen ist. Speziell im Sommer ist die Erwärmung am Berg mit 1.42°C/100 Jahre viel stärker gewesen als im Tal mit einer Zunahme von nur 1.19°C/100 Jahre. Die von Ceppi et al. (2012) beschriebene, stärkere Erwärmung in tieferen Lagen im Herbst durch einen Rückgang von Tagen mit Hochnebel konnte durch die Daten von Begert and Frei (2018) nicht bestätigt werden. Jedoch konnten sie eine wesentlich stärkere Erwärmung nördlich des Alpenhauptkammes als südlich davon feststellen.

1.3 Zielsetzung

Ziel dieser Bachelorarbeit ist es, die langfristige Zunahme der Wintertemperaturen in Tirol zu untermauern. Des Weiteren sollte festgestellt werden, ob in Tirol ebenfalls wie in der Schweiz und in Trentino die Erwärmung in Tallagen stärker ist oder ob die Wintertemperaturen in Tirol dem globalen Trend mit verstärkter Erwärmung in höheren Lagen folgen. Zudem sollte untersucht werden, auf welche Ursachen die jeweilige Entwicklung der Temperaturen in Berg- und Tallagen zurückzuführen ist.

Kapitel 2

Daten und Methodik

Als Datenquelle für die vorliegende Bachelorarbeit wurden homogenisierte Monatsmittelwerte von vier Bergstationen sowie von sechs Talstationen aus dem öffentlich zugänglichen HISTALP-Datensatz verwendet. Zusätzlich stellte Johannes Vergeiner von der Zentralanstalt für Meteorologie und Geodynamik (ZAMG) Innsbruck ein Python-Programm zur Berechnung von Mann-Kendall-Dreiecken (siehe Kapitel 2.4) zur Verfügung. In diesem Programm wurden bereits homogenisierte Monatsmittelwerte der Messstation Reutte eingelesen. Die Daten von Reutte stammen aus dem 3PCLIM-Datensatz, der ein umfangreiches, vollständiges und einheitliches klimatologisches Grundlagenwerk für den Großraum Nordtirol – Südtirol – Veneto darstellt (Zentralanstalt für Meteorologie und Geodynamik (ZAMG) et al. (2015a)).

2.1 Lage der verwendeten Berg- und Talstationen

Als Talstationen wurden die Messstationen Reutte (870 m), Galtür (1587 m), Obergurgl-Vent (1938 m), Innsbruck-Flughafen (579 m), Innsbruck-Universität (609 m), Kufstein (493 m) und Lienz (659 m) verwendet, dargestellt als orange Kreise in Abbildung 2.1. Abgesehen von Reutte können alle Daten online aus dem HISTALP-Datensatz heruntergeladen werden (`http://www.zamg.ac.at/histalp/dataset/station/csv.php`). Zu bemerken ist, dass alle verwendeten Talstationen sich innerhalb vom Bundesland Tirol befinden. Die Messstation Lienz ist die einzige Station südlich des Alpenhauptkammes. Die anderen Talstationen sind von West nach Ost über Nordtirol verteilt. Obwohl sich die Messstation von Obergurgl-Vent bereits auf einer Seehöhe von 1938 m befindet, wurde sie aufgrund ihrer Lage dennoch als Talstation klassifiziert.

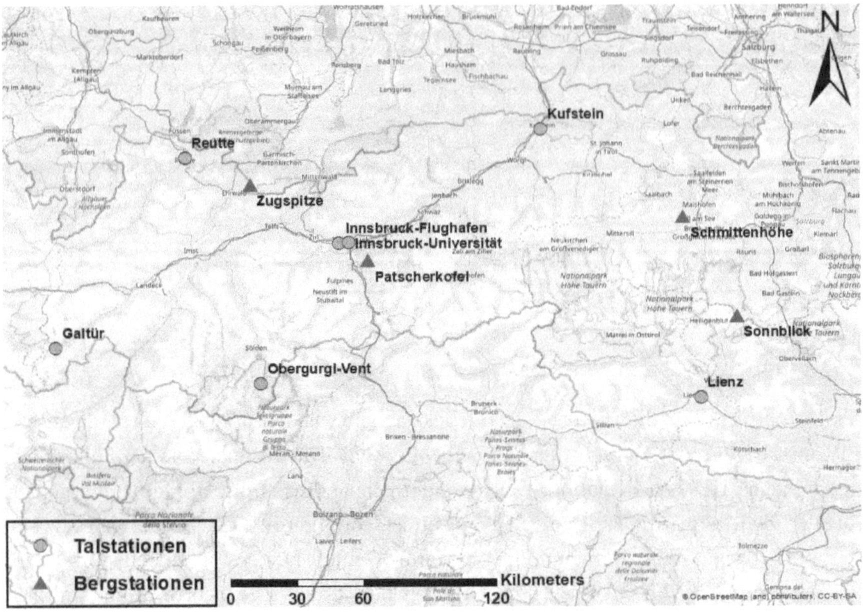

Abbildung 2.1: Lage der verwendeten Messstationen: Die Talstationen sind als orange Kreise, die Bergstationen als pinke Dreiecke dargestellt (Erstellt mit ArcMap 10.6.1)

Als Bergstationen wurden die Stationen Sonnblick, Schmittenhöhe, Patscherkofel und Zugspitze verwendet, dargestellt als pinke Dreiecke in Abbildung 2.1. Da die Messstation Patscherkofel auf 2247 m Seehöhe die einzige Bergstation innerhalb von Tirol ist, wurden auch Bergstationen außerhalb von Tirol zu Hilfe genommen. Die Messstation Zugspitze befindet sich auf 2962 m Seehöhe an der Grenze von Nordtirol zu Bayern, die anderen beiden Bergstationen Schmittenhöhe (1973 m) und Sonnblick (3105 m) liegen in Salzburg. Die Messdaten wurden wiederum als homogenisierte Monatsmittelwerte aus dem HISTALP-Datensatz heruntergeladen (`http://www.zamg.ac.at/histalp/dataset/station/csv.php`).

2.2 Entwicklung homogenisierter Datenreihen

Bei der Betrachtung von langen Klimazeitreihen ist eine Homogenisierung der Daten unbedingt notwendig, da zahlreiche nicht-klimatologische Einflüsse, wie zum Beispiel eine Veränderung der Vegetation, eine Verlegung der Station oder eine technische Erneuerung der Instrumente, die gemessenen Zeitreihen beeinflussen können (Zentralanstalt für Meteorologie und Geodynamik (ZAMG) et al. (2015b)). Es entstehen Diskontinuitäten (Brüche) in den Datensätzen, wodurch das tatsächliche Klimasignal verfälscht und mögliche Trends überdeckt werden (Adler et al. (2015)). Je länger eine Zeitreihe in die Vergangenheit reicht, umso höher ist die Wahrscheinlichkeit für nicht-klimatologische Einflüsse auf die Messdaten (Zentralanstalt für Meteorologie und Geodynamik (ZAMG) et al. (2015b)).

Mit Hilfe einer Homogenisierung der Daten werden diese Brüche eliminiert und die Zeitreihe dem aktuellen Stand angeglichen. Dazu werden verschiedene statistische Methoden verwendet. Um die Stationsdaten zu homogenisieren, müssen daher zahlreiche Bedingungen erfüllt sein. Einerseits sollen die zu homogenisierenden Stationen repräsentativ für das Gebiet sein und weit in die Vergangenheit zurückreichen, andererseits müssen hoch korrelierte Stationen in der näheren Umgebung der Schlüsselstationen als Referenz verfügbar sein. Außerdem sind Information zur Stationsgeschichte, wie zum Beispiel das Datum von Stationsverlegungen, Geräteaustausch, Beobachterwechsel oder Kalibrierungen der Instrumente, sehr hilfreich (Zentralanstalt für Meteorologie und Geodynamik (ZAMG) et al. (2015b)).

Für die Homogenisierung werden verschiedene Programme verwendet, welche zuerst die Brüche detektieren und danach die Temperaturzeitreihen so korrigieren, dass der Einfluss dieser Brüche minimal wird. Sowohl beim Detektieren als auch beim Korrigieren der Brüche findet ein Vergleich mit Referenzstationen statt, die sich im Falle des 3PCLIM-Projektes innerhalb eines Abstandes von 200 m vertikal und 100 km horizontal befinden und eine Korrelation von mindestens 0.8 zur zu homogenisierenden Station besitzen. Die Messstation Reutte wurde zum Beispiel mit fünf Referenzstationen verglichen. Bei der Bruchdetektion waren nur jene Brüche von Interesse, bei denen mehr als die Hälfte der Referenzstationen das Bruchsignal bestätigten (Zentralanstalt für Meteorologie und Geodynamik (ZAMG) et al. (2015b)).

2.3 HISTALP

Die Idee hinter HISTALP ist eine grenzübergreifende Datensammlung von instrumentellen Langzeitklimadaten für den Alpenraum. Dieses Projekt entstand in den frühen 1990ern in der damaligen Klimaabteilung der ZAMG (Zentralanstalt für Meteorologie und Geodynamik). Zuerst begann man mit der Aufarbeitung des vorhandenen österreichischen Langzeitdatenpotenzials der beiden Hauptklimaelemente Temperatur und Niederschlag. Dabei wurden folgende Anforderungen an die Daten von Böhm et al. (2009) zusammengefasst: Die Zeitreihen sollen lang (volle Ausnutzung des vorhandenen Potenzials an instrumentell gemessenen Klimadaten), dicht (Netzwerkdichte adäquat zur gegebenen räumlichen Variabilität des jeweiligen Klimaelements), qualitätsgeprüft (nicht-klimatologische Ausreißer entfernt und Lücken geschlossen), homogenisiert (nicht-klimatologische Brüche in den Zeitreihen durch Anpassung des jeweils älteren Zustandes der Messungen an den aktuellen), mehrdimensional (Klima ist mehr als nur die Temperatur, daher Verwendung möglichst vieler Klimaelemente) und benutzerfreundlich (Daten in unterschiedlicher Struktur und möglichst einfach erhältlich) sein.

Die Zeitreihen für Temperatur (und später auch für den Luftdruck) reichen bis in die zweite Hälfte des 18. Jahrhunderts zurück, die Zeitreihen von Niederschlag bis in die erste Hälfte des 19. Jahrhunderts. Die Temperaturmessung an der Messstation Innsbruck-Universität beginnt beispielweise bereits im Jahr 1777. Anfangs wurden nur Monatswerte digitalisiert, wodurch man wesentlich mehr, vor allem frühe Daten zur Verfügung hatte. Diese hohe Netzwerkdichte ist notwendig für die Homogenisierung der Daten, die erstmals in Österreich systematische für Klimazeitreihen durchgeführt wurde. Die dafür verwendeten Programme wurden später zum ZAMG-System HOCLIS weiterentwickelt. Des Weiteren wurden Zeitlücken geschlossen, die Ausreißerkontrolle jedoch nur marginal durchgeführt (Böhm et al. (2009)).

Zwischen 1997 und 2001 kommt es mit dem ALOCLIM-Projekt zur Miteinbeziehung von grenznahen Langzeitreihen aus der Schweiz, Deutschland, Tschechien, Slowakei, Ungarn und Slowenien. Außerdem wurden 22 österreichische und 14 ausländische Messstationen auf sieben Klimaelemente erweitert. Neben Temperatur und Niederschlag wurden Langzeitreihen des Luftdrucks, der Sonnenscheindauer, der Bewölkung, der relativen Feuchte und des Dampfdrucks digitalisiert und homogenisiert. Mit dem EU-Projekt ALPCLIM konnten weitere Zeitreihen von Temperatur und Niederschlag in den HISTALP-Datensatz integriert werden. Folglich kam es zu einer Erweiterung des Arbeitsbereiches auf das in Abbildung

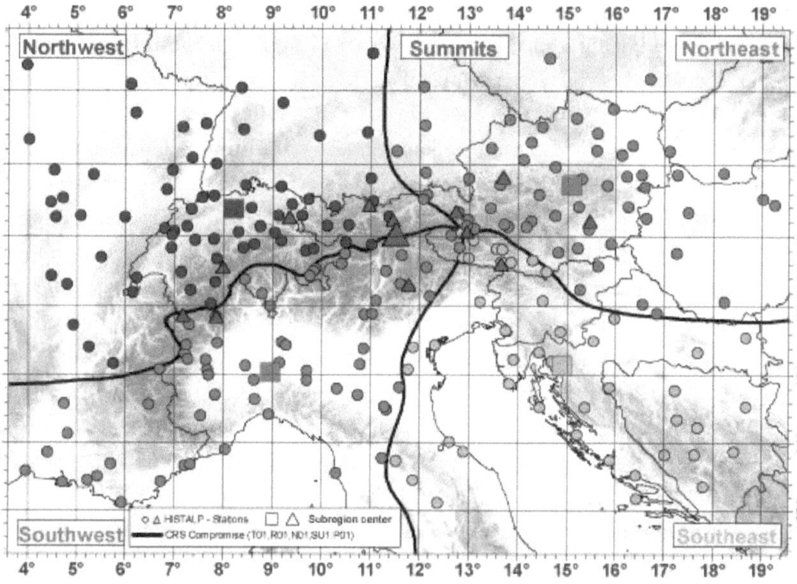

Abbildung 2.2: Das aktuelle Stationsnetzwerk von HISTALP in der GAR (Greater Alpine Region): Die Dichte des Stationsnetzwerks hängt stark von der beobachteten Variable ab. Stationen mit homogenisierten Niederschlagsreihen besitzen die höchste Dichte mit mehr als 200 Stationen in der GAR. Alle Stationen wurden unterteilt in Regionen mit ähnlichen Klimaschwankungen, welche als Coarse Resolution Subregions (CRS) bezeichnet werden. Quelle: Zentralanstalt für Meteorologie und Geodynamik (ZAMG) (2012)

2.2 dargestellte Stationsnetz der „Greater Alpine Region“ (GAR), welches von 4 bis 19°E und von 43 bis 49°N reicht (Böhm et al. (2009)). Die GAR wird unterteilt in Regionen mit ähnlichen Klimaschwankungen, welche als Course Resolution Subregions (CRS) bezeichnet werden. Dabei wird unterschieden zwischen den Regionen Nordwest, Nordost, Südwest, Südost und Summits (Zentralanstalt für Meteorologie und Geodynamik (ZAMG) (2012)).

Im Zuge des EU-Projektes ALP-IMP zwischen 2003 und 2006 wurde HISTALP durch eine Erweiterung auf Modellsimulationen und auf indirekte Klimadaten (Proxies) ergänzt. Als die von hochalpinen Baumringen rekonstruierten Sommertemperaturen systematisch kühler als die instrumentell gemessenen waren, wurde ein systematischer Fehler der historischen Messungen vermutet, der wahrscheinlich durch ungenügende Abschirmung der Thermometer an den frühen Messstandorten entstanden ist. Mithilfe von Langzeit-Parallelmessungen im Stift Kremsmünster, wo der historische Messplatz noch erhalten ist, konnte ein EIB (Early Instrumental Bias) abgeleitet werden, der in der warmen Jahreszeit (April-September) im Schnitt 0.4°C ausmachte. In der kalten Jahreszeit, in der der Einfluss der Sonneneinstrahlung geringer ist, wurde hingegen keine Abweichung festgestellt (Böhm et al. (2009)).

Der HISTALP-Datensatz wird ständig weiterentwickelt. In Zukunft wird es zu einer Ausweitung des Datensatzes auf weitere Klimaelemente und zu einer Zunahme der zeitlichen Auflösung von Monatsmittelwerten zu Tagesmittelwerten kommen. Außerdem werden die bereits vorhandenen Zeitreihen ständig ergänzt (Auer et al. (2007)). Die Homogenisierung von Tagesmittelwerten ist wesentlich schwieriger als die Homogenisierung von Monatsmittelwerten, weil sie durch kleinräumige, kurzzeitige Phänomene stark beeinflusst werden und somit eine hohe Variabilität aufweisen (Böhm et al. (2009)). Da in der vorliegenden Bachelorarbeit nur Monatsmittelwerte verwendet werden, soll dies nur am Rande erwähnt werden.

2.4 Mann-Kenndall-Dreiecke

Die in der vorliegenden Bachelorarbeit verwendeten Mann-Kendall-Dreiecke dienen der Analyse der Wintertemperaturen in Tirol. Dabei werden Mann-Kendall Trend Tests für verschiedene Zeitfenster von 20 Jahren aufwärts bis zum durch die Datenreihe gegebenen, maximal möglichen Zeitfenster durchgeführt, wodurch es zur Ausbildung eines Dreiecks kommt. Auf der x-Achse wird die Mitte des Zeitfensters bzw. des Trendfensters als Jahreszahl, auf der y-Achse die Fensterbreite aufgetragen. Die Linie bei einer Fensterbreite von 30 Jahren ist fett und durchgezogen, um das von der World Meteorological Organization (WMO) vorgegebene, klimatologische Mittel klar anzuzeigen. Zusätzlich wird über dem Mann-Kendall-Dreieck noch der Verlauf der Monatsmitteltemperaturen der gegebenen Zeitreihe geplottet. Der Mann-Kendall Trend Test ist eine nicht parametrische Alternative zum Testen, ob in einer gegebenen Zeitreihe ein signifikanter Trend in der Temperatur oder in einer anderen klimatologischen Variable, wie zum Beispiel dem Niederschlag, vorhanden ist. Ähnlich zu Kendalls τ geht es auch hier darum, eine Tendenz zwischen zwei Variablen zu erkennen. Bei der Untersuchung einer Zeitreihe x_i, $i = 1, \ldots, n$ ist der Zeitindex i per Definition monoton steigend, was die Berechnung erleichtert (Wilks (2011)).

In der vorliegenden Arbeit entspricht x_i einer Zeitreihe der Monatsmitteltemperatur und n der Anzahl der Jahre. Nach Wilks (2011) wird der Mann-Kendall Trend Test nun wie folgt durchgeführt:

$$S = \sum_{i=1}^{n-1} sgn(x_{i+1} - x_i), \tag{2.1}$$

$$sgn(\Delta x) = \begin{matrix} 1 & \Delta x > 0 \\ 0 & \Delta x = 0 \\ -1 & \Delta x < 0 \end{matrix} \tag{2.2}$$

wobei $\Delta x = x_{i+1} - x_i$ ist.

In Gleichung 2.1 wird die Anzahl von benachbarten Datenpaaren, in welchen der erste Wert kleiner als der zweite ist, subtrahiert mit der Anzahl von Datenpaaren, in welchen der erste Wert größer als der zweite ist. Falls die Daten x_i seriell unabhängig und gleich verteilt sind, sollte die Anzahl für benachbarte Paare mit positiven bzw. negativen $sgn(\Delta x)$ gleich sein. Somit ist $S = 0$ und in der Zeitreihe ist kein signifikanter Trend zu erkennen.

Die Verteilung von dieser Teststatistik entspricht für längere wie auch für kürzere Zeitreihen (n ungefähr 10) näherungsweise einer Normalverteilung. Die Varianz dieser Verteilung hängt davon ab, ob alle x nur einmal vorkommen, oder ob sich manche x wiederholen. Wenn keine Wiederholungen von x vorkommen, dann ist die Varianz der Verteilung von S wie folgt definiert:

$$Var(S) = \frac{n(n-1)(2n+5)}{18}, \tag{2.3}$$

Bei Wiederholung von Werten von x ist die Varianz von S:

$$Var(S) = \frac{n(n-1)(2n+5) - \sum_{j=1}^{J}(t_j-1)(2t_j+5)}{18}, \tag{2.4}$$

J gibt die Anzahl an Gruppen von wiederholten Werten und t_j die Anzahl von wiederholten Werten in der j-ten Gruppe an. Die Standardabweichung z der Standardnormalverteilung kann nun wie folgt berechnet werden:

$$z = \begin{matrix} \frac{S-1}{[Var(S)]^{1/2}} & S > 0 \\ 0 & S = 0 \\ \frac{S+1}{[Var(S)]^{1/2}} & S < 0 \end{matrix} \tag{2.5}$$

Mithilfe von z kann nun über die Gauß'sche Normalverteilung die Irrtumswahrscheinlichkeit p berechnet werden:

$$p = 2(1 - \Phi(|z|)) \tag{2.6}$$

Wobei Φ die Dichtefunktion der Gauß'schen Normalverteilung ist.

Falls $p < 0.01$ ist, ist die Änderung in der Monatsmitteltemperatur hochsignifikant. Im Mann-Kendall-Dreieck wird, je nach Zu- oder Abnahme der Temperatur, ein dunkelrotes bzw. dunkelblaues Quadrat für die jeweilige Mitte des Trendfensters und die jeweilige Fensterbreite geplottet. Falls $p < 0.05$ ist, ist die Änderung in der Monatsmitteltemperatur nur signifikant. Im Mann-Kendall-Dreieck wird ein hellrotes bzw. hellblaues Quadrat für die jeweilige Mitte des Trendfensters und die jeweilige Fensterbreite geplottet. Falls die Irrtumswahrscheinlichkeit $p > 0.05$ ist, erscheint das jeweilige Quadrat weiß, da keine signifikante Zu- oder Abnahme zu diesem Zeitpunkt stattfand.

Das Mann-Kendall-Dreieck wurde für die Monatsmittelwerte jeder Berg- und Talstation einzeln geplottet. Neben Monatsmittelwerten enthält der HISTALP-Datensatz auch bereits jahreszeitliche, halbjährliche und jährliche Mittel der Daten. Für diese wurden ebenfalls Mann-Kendall-Dreiecke erstellt. Dabei ist die Winterperiode der Mittelwert der Monate Dezember, Jänner und Februar, das Winterhalbjahr der Mittelwert der Monate von Oktober bis März. Zusätzlich wurden auch Mann-Kendall-Dreiecke für den Mittelwert aller Bergstationen (Zugspitze, Patscherkofel, Sonnblick und Schmittenhöhe) der einzelnen Perioden erzeugt. Wie für die Bergstationen wurde auch für die Talstationen ein Mittelwert erstellt. Dabei wurden aber nur die Talstationen Obergurgl-Vent, Galtür, Innsbruck-Universität und Lienz verwendet, da diese Stationen die längsten Zeitreihen besitzen.

Stationen	**Zeitreihe**	**Länge der Zeitreihe**	**Höhe der Messstation**
Talstationen:			
Innsbruck-Universität	1777-2018	241 Jahre	609 m
Obergurgl-Vent	1851-2018	167 Jahre	1938 m
Lienz	1854-2018	164 Jahre	659 m
Galtür	1896-2008	112 Jahre	1587 m
Kufstein	1906-2018	112 Jahre	493 m
Reutte	1936-2018	82 Jahre	870 m
Innsbruck-Flughafen	1952 -2008	56 Jahre	570 m
Bergstationen:			
Schmittenhöhe	1880-2018	138 Jahre	1973 m
Sonnblick	1887-2018	131 Jahre	3105 m
Zugspitze	1901-2015	114 Jahre	2962 m
Patscherkofel	1931-2018	87 Jahre	2247 m

Tabelle 2.1: Beginn der Messungen, Länge der Zeitreihen und Höhe der verwendeten Berg- und Talstationen

In Tabelle 2.1 sind die Längen der Zeitreihen gemeinsam mit den Höhen der einzelnen Messstationen aufgetragen. Die Messstation Innsbruck-Universität besitzt mit 241 Jahren die längste Zeitreihe von allen Stationen. Die Daten für Temperaturmessung reichen bis 1777 zurück. An der Station Innsbruck-Flughafen starteten die Messungen erst im Jahre 1952 und wurden seit 2008 nicht mehr homogenisiert. Somit besitzt diese Station mit nur 56 Jahren die kürzeste Messreihe. Die Messungen in Galtür begannen bereits im Jahre 1896, wurden jedoch ebenfalls seit 2008 nicht mehr homogenisiert. Die Messreihe der Station Reutte reicht bis 1936 zurück, zwischen August 1947 und Juli 1956 stehen jedoch keine Daten zur Verfügung, wodurch erst ab Juli 1956 ein Mann-Kendall-Dreieck für Reutte erstellt werden kann.

Bei den Bergstationen besitzt die Schmittenhöhe mit 138 Jahren die längste Zeitreihe mit Messbeginn im Jahre 1880. Bereits 7 Jahre später im Jahre 1887 begannen die Messungen am Sonnblick. Auf der Zugspitze finden seit 1901 ständig Temperaturmessungen statt, die jedoch nur bis 2015 homogenisiert wurden. Der Patscherkofel besitzt mit 87 Jahren die kürzeste Messreihe der Bergstationen, dort starteten die Messungen erst im Jahre 1931.

Kapitel 3

Resultate

3.1 Talstationen

In den Abbildungen 3.1, 3.3, 3.4, 3.5 und 3.7 werden jeweils auf der linken Seite der Abbildungen die Wintertemperaturen und auf der rechten Seite die Dezembertemperaturen für die einzelnen Stationen dargestellt. Die Dezembertemperaturen zeigen bei den Talstationen zahlreiche signifikante Zu- und Abnahmen, währenddessen in den Monatsmittelwerten der Monate Jänner und Februar die signifikanten Trends überwiegend positiv sind. Eine nähere Beschreibung der Jänner- und Februartemperaturen erfolgt im Kapitel 3.1.8 für den Mittelwert der Talstationen. In Abbildung 3.2 wird für die Messstation Obergurgl-Vent ebenfalls auf der linken Seite die Wintertemperaturen, auf der rechten Seite jedoch die Jännertemperaturen dargestellt. Grund dafür ist, dass die Messstation Obergurgl-Vent auf einer Seehöhe von 1938 m liegt und daher der Verlauf der Monatsmitteltemperatur mit jenem der Bergstationen zu vergleichen ist. Dabei fällt auf, dass im Monat Jänner eine signifikante Abnahme in der Monatsmitteltemperatur bei einer Mitte des Trendfensters um 2000 und einer Fensterbreite von 30 Jahren stattfand, in den anderen beiden Wintermonaten jedoch nicht. Da für die Messstation Reutte kein Mittelwert für die Wintertemperaturen berechnet wurde, werden in Abbildung 3.6 auf der linken Seite die Dezembertemperaturen und auf der rechten Seite die Jännertemperaturen dargestellt. In den Abbildungen 3.8, 3.9 und 3.10 werden die Monatsmittelwerte aller Wintermonate sowie die Wintertemperaturen dargestellt. Die Mann-Kendall-Dreiecke, die in den Abbildungen 3.1 bis 3.7 nicht dargestellt werden, sind im Anhang A zu finden.

3.1.1 Innsbruck-Universität

(a) (b)

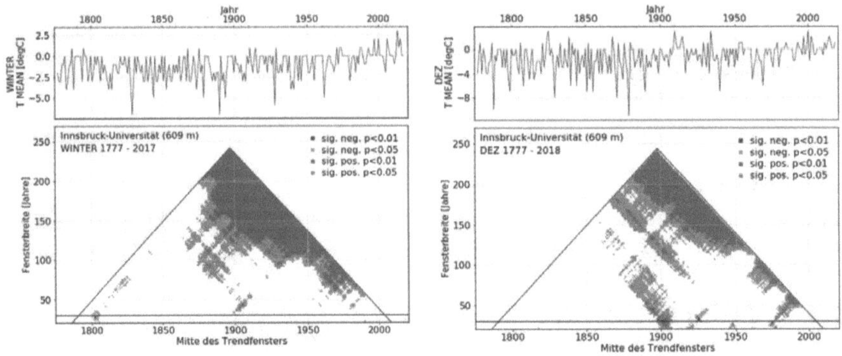

Abbildung 3.1: Links: Verlauf der Wintertemperaturen (oben) und Mann-Kendall-Dreieck der Wintertemperaturen (unten) für die Messstation Innsbruck-Universität (a) Rechts: Verlauf der Dezembertemperaturen (oben) und Mann-Kendall-Dreieck der Dezembertemperaturen (unten) für die Messstation Innsbruck-Universität (b)

Mit 241 Jahren besitzt die Messstation Innsbruck-Universität die längste Messreihe für die Temperatur. In Abbildung 3.1a ist im Verlauf der Monatsmitteltemperatur ein starker Anstieg innerhalb der letzten 50 Jahre zu erkennen. Dies spiegelt sich auch im Mann-Kendall-Dreieck darunter wider. Ab einer Fensterbreite von 50 Jahren werden die signifikanten Zunahmen der Wintertemperaturen häufiger. Je größer die Fensterbreite wird, desto signifikanter ist der Temperaturanstieg.

Aufgrund der sehr langen Zeitreihe der Messstation ist im Mann-Kendall-Dreieck auch eine Abnahme der Wintertemperaturen am Ende des 18. Jahrhunderts und in der ersten Hälfte des 19. Jahrhunderts dargestellt. Ab 1850 konnte jedoch keine signifikante Abnahme der Wintertemperaturen mehr festgestellt werden. Auffällig sind auch die starken Ausreißer der Monatsmitteltemperatur nach unten, welche auf die Ausbildung eines starken Kältehochs über dem Kontinent zurückzuführen sind. Mit zunehmender Erwärmung werden diese Ausreißer nach unten immer seltener.

In Abbildung 3.1b ist zum Vergleich eine Trendanalyse der Temperaturen im Dezember dargestellt. Die Dezembertemperaturen zeigen ein ähnliches Bild wie die Wintertemperaturen mit einer langfristig, hochsignifikanten Zunahme. Kurzfristig ist eine starke Zunahme der Temperatur während dem Ende des 19. Jahrhunderts und Anfang des 20. Jahrhunderts zu erkennen. Danach kam es für Trendfenster mit einer Breite von weniger als 50 Jahren wieder zu einer signifikanten Abnahme in den Dezembertemperaturen. Aufgrund der hohen Dezembertemperaturen zu Beginn des 20. Jahrhunderts fallen die langfristigen Trends der Dezembertemperaturen im 20. Jahrhundert weniger signifikant positiv aus als bei den Wintertemperaturen.

3.1.2 Obergurgl-Vent

(a) (b)

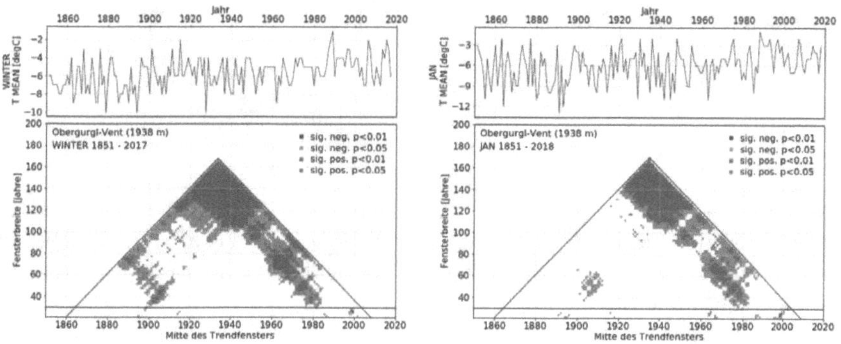

Abbildung 3.2: Links: Verlauf der Wintertemperaturen (oben) und Mann-Kendall-Dreieck der Wintertemperaturen (unten) für die Messstation Obergurgl-Vent (a) Rechts: Verlauf der Jännertemperaturen (oben) und Mann-Kendall-Dreieck der Jännertemperaturen (unten) für die Messstation Obergurgl-Vent (b)

In Obergurgl-Vent ist sowohl in den Wintertemperaturen als auch in den Jännertemperaturen für Trendfenster mit Breiten von mehr als 120 Jahren eine hochsignifikante Zunahme zu erkennen (Abbildung 3.2). Zwischen 1920 und 1960 ist für Fensterbreiten mit weniger als 60 Jahren kein signifikanter Trend zu beobachten. In den 1980ern kam es zu einer sprunghaften Zunahme der Winter- und Jännertemperaturen, wodurch Trendfenster, die in den 1990ern und Anfang der 2000er enden, signifikant positiv ausfallen. Ab 1990 kam es zu einer Abnahme der Winter- und Jännertemperaturen, wodurch in Abbildung 3.2 bei einer Mitte des Trendfensters um das Jahr 2000 ein signifikant negativer Trend zu erkennen ist. Bei den Wintertemperaturen (Abbildung 3.2a) ist die Abnahme nur für Fensterbreiten mit weniger als 30 Jahren signifikant, für die Temperaturen im Jänner (Abbildung 3.2b) reichen die signifikanten Trends auch über die 30 Jahre hinaus.

3.1.3 Lienz

(a) (b)

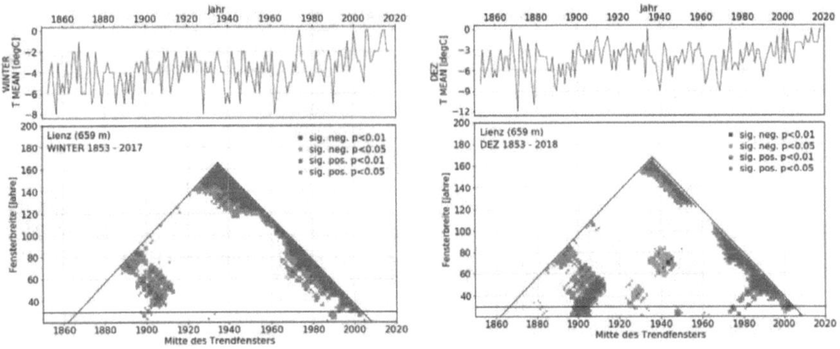

Abbildung 3.3: Links: Verlauf der Wintertemperaturen (oben) und Mann-Kendall-Dreieck der Wintertemperaturen (unten) für die Messstation Lienz (a) Rechts: Verlauf der Dezembertemperaturen (oben) und Mann-Kendall-Dreieck der Dezembertemperaturen (unten) für die Messstation Lienz (b)

In Lienz geht die Temperaturmessreihe bis 1853 zurück. In Abbildung 3.3a zeigen die Wintertemperaturen durchgehend positive Trends für Trendfenster, die in den 2000er Jahren enden. Das heißt, dass nicht nur kurzfristig in den letzten Jahrzehnten eine signifikante Erwärmung zu beobachten ist, sondern auch langfristig für den gesamten Beobachtungszeitraum. Signifikant negative Trends sind in den Wintertemperaturen kaum zu erkennen, um 1900 kam es aber zu einem weiteren positiven Trend in den Wintertemperaturen.

Die Temperaturen im Dezember in Abbildung 3.3b zeigen ein ähnliches Bild wie die Wintertemperaturen in Lienz. Eine signifikante Erwärmung ist sowohl um 1900 für Fensterbreiten bis zu 80 Jahren zu erkennen als auch in der 2. Hälfte des 20. Jahrhunderts vor allem für Trendfenster mit einer Breite von mehr als 40 Jahren. Um 2000 nahmen die Dezembertemperaturen für ein Trendfenster von 30 Jahren ebenfalls signifikant zu. Bei einer Mitte des Trendfensters um das Jahr 1940 ist eine signifikante Abhnahme in den Dezembertemperaturen für eine Fensterbreite zwischen 60 und 80 Jahren zu beobachten. Bereits um 1930 fand eine signifikante Abnahme für eine Fensterbreite von 40 Jahren statt. Der langfristige Trend über die gesamte Zeitreihe ist aber auch für die Dezembertemperaturen hochsignifikant positiv.

3.1.4 Galtür

(a)

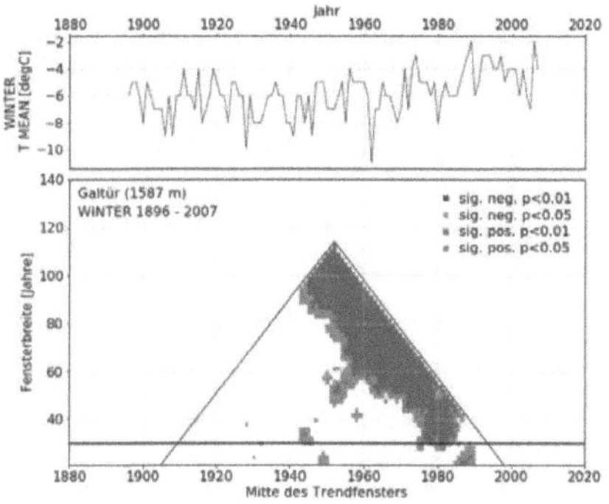

(b)

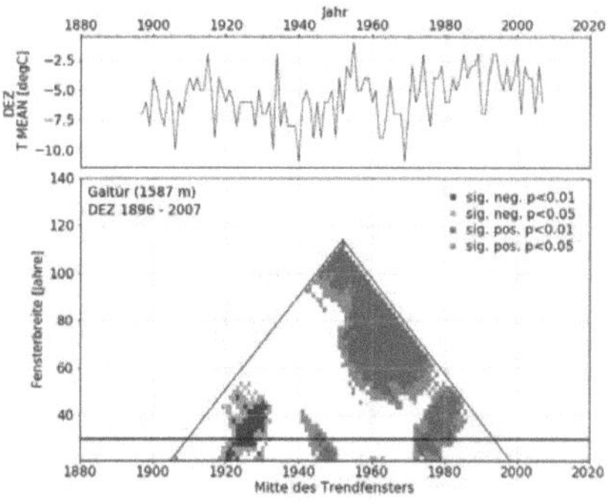

Abbildung 3.4: Links: Verlauf der Wintertemperaturen (oben) und Mann-Kendall-Dreieck der Wintertemperaturen (unten) für die Messstation Galtür (a) Rechts: Verlauf der Dezembertemperaturen (oben) und Mann-Kendall-Dreieck der Dezembertemperaturen (unten) für die Messstation Galtür (b)

Die Messreihe von Galtür startet 1896 und endet 2008 für die Monatsmitteltemperatur im Dezember und 2007 für die Monatsmitteltemperatur des Winters. In Abbildung 3.4 ist ein signifikant positiver Trend sowohl in den Wintertemperaturen als auch in den Dezembertemperaturen in der zweiten Hälfte des 20. Jahrhunderts vor allem für Fensterbreiten von mehr als 30 Jahren zu erkennen. Auch über den gesamten Beobachtungszeitraum gesehen, ist die Zunahme der Temperaturen im Winter und im Dezember hoch signifikant positiv.

In Abbildung 3.4b ist zwischen 1980 und 2008 in den Dezembertemperaturen kein signifikanter Trend zu erkennen, in den 1970ern hingegen ist der Trend hochsignifikant positiv. Generell zeigen die Dezembertemperaturen eine sehr hohe Variabilität. So konnte in den 1920ern eine hochsignifikante Abnahme der Dezembertemperaturen beobachtet werden, welche sogar bis zu einer Fensterbreite von 50 Jahren reicht, währenddessen Ende der 1940er und Anfang der 1950er die Temperaturen wieder stark anstiegen. Die Wintertemperaturen in Abbildung 3.4a zeigen hingegen eine viel geringere Variabilität, um 1930 sowie zwischen 1940 und 1950 sind nur vereinzelt signifikante Trends erkennbar. Ende der 1980er sind jedoch für Trendfenster mit einer Breite von weniger als 30 Jahren signifikant positive Trends zu beobachten.

3.1.5 Kufstein

(a) (b)

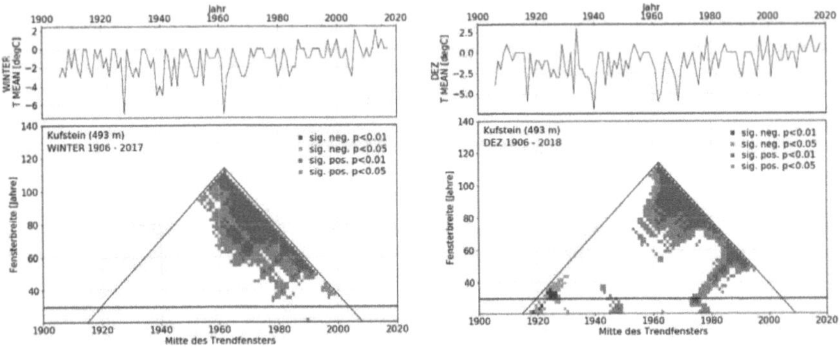

Abbildung 3.5: Links: Verlauf der Wintertemperaturen (oben) und Mann-Kendall-Dreieck der Wintertemperaturen (unten) für die Messstation Kufstein (a) Rechts: Verlauf der Dezembertemperaturen (oben) und Mann-Kendall-Dreieck der Dezembertemperaturen (unten) für die Messstation Kufstein (b)

Die Messreihe der Station Kufstein geht bis ins Jahr 1906 zurück und besitzt mit 112 Jahren dieselbe Länge wie die Messreihe von Galtür. Die Messreihe des Dezembers ist jedoch um ein Jahr länger als jene des Winters, da für die Berechnung der Messreihe des Winters 2018 noch die Daten vom Jänner und Februar 2019 fehlten. In Abbildung 3.5a ist in der zweiten Hälfte des 20. Jahrhunderts sowie zu Beginn des 21. Jahrhunderts ab einer Fensterbreite von 40 Jahren eine signifikante Zunahme der Wintertemperaturen zu beobachten. Je breiter das Trendfenster wird, desto signifikanter ist der Trend in den Wintertemperaturen. In der ersten Hälfte des 20. Jahrhunderts ist jedoch kein signifikanter Trend in den Wintertemperaturen zu erkennen.

Die Temperaturen im Dezember (Abbildung 3.5b) zeigen ein variableres Bild. Eine kurzfristig signifikante Abnahme in den 1920ern wird gefolgt von zwei signifikanten Zunahmen, die eine in den 1940ern, die andere in den 1970ern. Für längere Zeitfenster als 50 Jahren sind auch für die Temperaturen im Dezember keine signifikanten Abnahmen zu erkennen. Für Mann-Kendall Trend Tests mit einer Fensterbreite von mehr als 60 Jahren und einer Mitte des Trendfensters von 1960 und später überwiegen die signifikant positiven Trends in der Monatsmitteltemperatur des Dezembers.

3.1.6 Reutte

(a) (b)

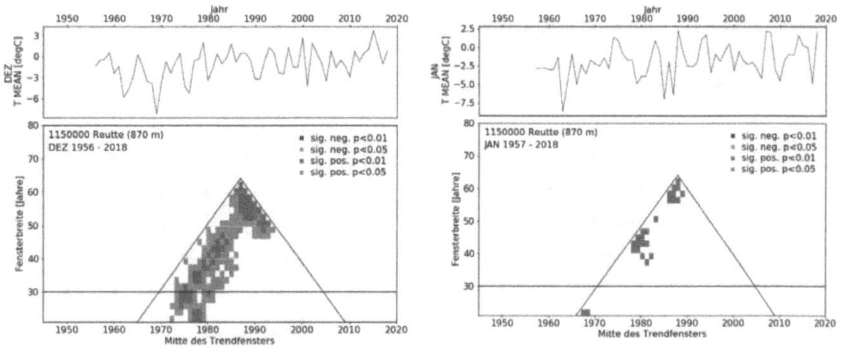

Abbildung 3.6: Links: Verlauf der Dezembertemperaturen (oben) und Mann-Kendall-Dreieck der Dezembertemperaturen (unten) für die Messstation Reutte (a) Rechts: Verlauf der Jännertemperaturen (oben) und Mann-Kendall-Dreieck der Jännertemperaturen (unten) für die Messstation Reutte (b)

Da die Messreihe von Reutte zwischen August 1947 und Juli 1956 unterbrochen ist, können nur Mann-Kendall-Dreiecke für die Zeitreihe von 1956 – 2018 für den Dezember bzw. von 1957 – 2018 für den Jänner erstellt werden. Somit ergibt sich eine Länge der Messreihe von 62 Jahren für Monatsmitteltemperatur des Dezembers bzw. 61 Jahren für die Monatsmitteltemperatur vom Jänner. In Abbildung 3.6 zeigen die Temperaturen im Dezember und Jänner keine signifikant negativen Trends. Die stärksten positiven Trends sind kurzfristig (Fensterbreite um die 30 Jahre) in den 1970ern für die Dezembertemperaturen und langfristig über die gesamte Messreihe zu erkennen. Ende des 20. Jahrhunderts und in den 2000ern ist kein signifikanter Trend sowohl in den Jänner- als auch in den Dezembertemperaturen zu beobachten.

3.1.7 Innsbruck-Flughafen

(a) (b)

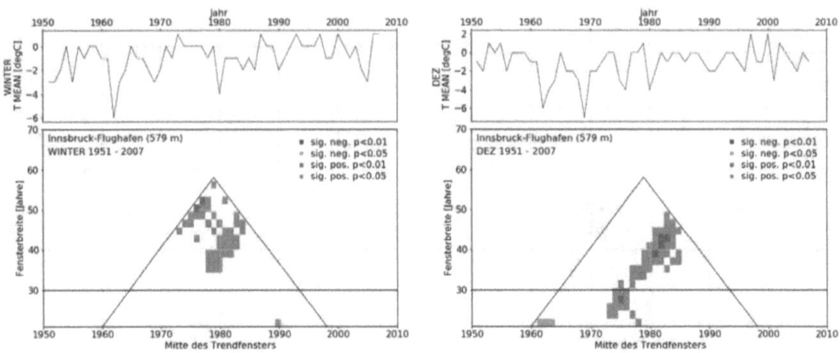

Abbildung 3.7: Links: Verlauf der Wintertemperaturen (oben) und Mann-Kendall-Dreieck der Wintertemperaturen (unten) für die Messstation Innsbruck-Flughafen (a) Rechts: Verlauf der Dezembertemperaturen (oben) und Mann-Kendall-Dreieck der Dezembertemperaturen (unten) für die Messstation Innsbruck-Flughafen (b)

Mit 56 Jahren besitzt die Messstation Innsbruck-Flughafen die kürzeste Messreihe, wobei die Messreihe bereits 2007 für die Wintertemperaturen bzw. 2008 für die Dezembertemperaturen endet. In Abbildung 3.7a ist für Fensterbreiten knapp über 30 sowie unter 30 Jahre kaum ein signifikanter Trend in den Monatsmitteltemperaturen des Winters zu erkennen. Erst ab einem Trendfenster von 40 Jahren können zunehmend signifikant positive Trends in den Wintertemperaturen beobachtet werden. Außerdem ist im gesamten Zeitraum von 1951 bis 2007 kein einziger signifikant negativer Trend der Wintertemperaturen vorhanden. Im Monat Dezember (Abbildung 3.7b) ist vor allem in den 1970er Jahren für Trendfenster von unter 30 Jahren eine signifikante Zunahme der Temperaturen zu erkennen, währenddessen in den 1960ern kurzfristig eine signifikante Abnahme stattfand. Zu Beginn der 1980er konnte zudem eine signifikante Zunahme der Dezembertemperaturen für eine Fensterbreite zwischen 40 und 50 Jahren festgestellt werden.

3.1.8 Mittelwert der Talstationen

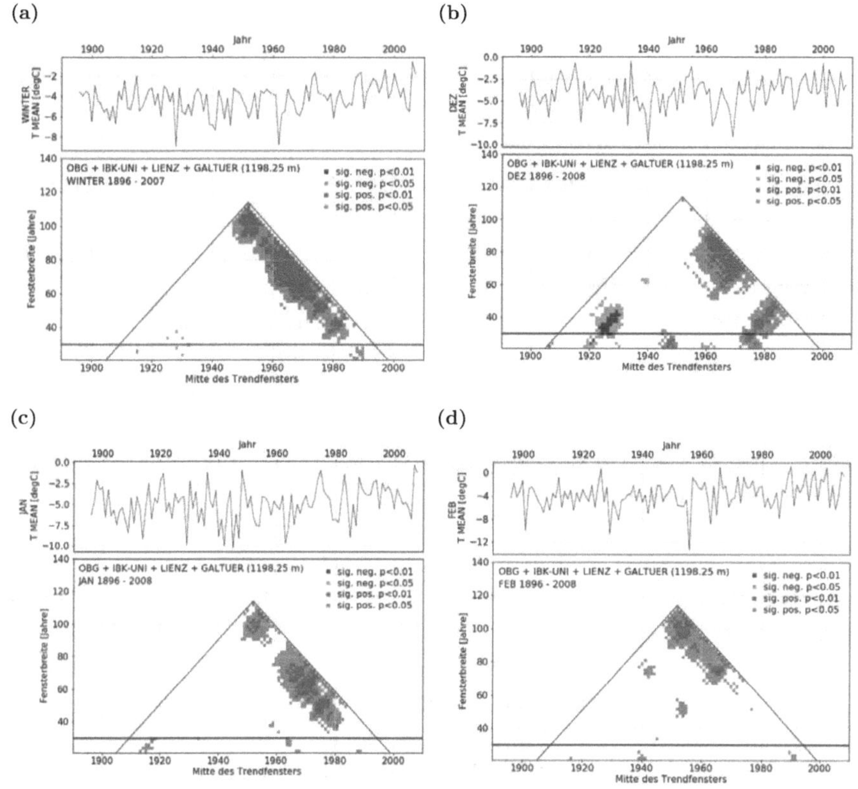

Abbildung 3.8: Verlauf der Wintertemperaturen (oben) und Mann-Kendall-Dreieck der Wintertemperaturen (unten) für den Mittelwert der Talstationen (mit Galtür) (a) sowie Verlauf der Monatsmitteltemperaturen (oben) und Mann-Kendall-Dreieck der Monatsmitteltemperaturen (unten) von den Monaten Dezember (b), Jänner (c) und Februar (d) für den Mittelwert der Talstationen (mit Galtür)

Für den Mittelwert der Talstationen wurden 4 Stationen ausgewählt: Obergurgl-Vent, Innsbruck-Universität, Lienz und Galtür. Dabei ergibt sich für die 4 Messstationen eine mittlere Seehöhe von 1198.25 m. Die Länge der gemittelten Messreihe beträgt für die Wintertemperaturen 111 Jahre. In Abbildung 3.8a zeigen die Wintertemperaturen vor allem in der 2. Hälfte des 20. Jahrhunderts für Trendfenster mit einer Breite von mehr als 40 Jahren einen signifikant positiven Trend. Auch über den gesamten Beobachtungszeitraum ist eine signifikante Erwärmung zu erkennen. Bis 1960 ist für Trendfenster mit einer Breite von weniger als 60 Jahren kaum ein signifikanter Trend zu beobachten, nur vereinzelt ist um 1930 ein negativer Trend zu beobachten. Gegen Ende der 1980er kam es kurzfristig (Fensterbreite unter 30 Jahren) noch zu einer Erwärmung.

In Abbildung 3.8b ist der Mittelwert der Talstationen Obergurgl-Vent, Innsbruck-Universität, Lienz und Galtür für den Monat Dezember dargestellt. Die Dezembertemperaturen zeigen wie bereits in den Kapiteln 3.1.1, 3.1.4 und 3.1.5 auch für die Mittelung von mehreren Stationen eine sehr hohe Variabilität gegenüber den Wintertemperaturen. In den 1920ern ist für Trendfenster zwischen 30 und 50 Jahren ein signifikant negativer Trend zu erkennen, der gefolgt wird von einem positiven Trend Ende der 1940er für Trendfenster unter 30 Jahren. Um 1960 nahmen die Dezembertemperaturen noch einmal kurzfristig ab, zwischen 1970 und 1980 stiegen sie jedoch signifikant an. Ab 1980 sind kurzfristig für Fensterbreiten mit weniger als 30 Jahren keine signifikanten Trends in den Dezembertemperaturen zu erkennen. Aufgrund der hohen Temperaturen zu Beginn des 20. Jahrhunderts sind die langfristigen Trends (Fensterbreite von mehr als 100 Jahren) nur für zwei Zeitreihen signifikant positiv.

Im Gegensatz zu den Dezembertemperaturen (Abbildung 3.8b) zeigen sowohl die Jännertemperaturen (Abbildung 3.8c) als auch die Februartemperaturen (Abbildung 3.8d) eine viel geringere Variabilität. Langfristig zeigen sie für den Mittelwert der Talstationen Obergurgl-Vent, Innsbruck-Universität, Lienz und Galtür eine signifikante Zunahme. Speziell in der ersten Hälfte des 20. Jahrhunderts sind jedoch nur vereinzelt signifikant positive Trends zu erkennen. In Abbildung 3.8c ist in den Jännertemperaturen zu Beginn des 20. Jahrhunderts und in den 1960ern für Fensterbreiten von weniger als 30 Jahren eine signifikante Zunahme zu beobachten. Trendfenster, die in den 1990ern bzw. Anfang des 21. Jahrhunderts enden, mit einer Breite zwischen 40 und 80 Jahren zeigen ebenfalls einen signifikanten, teilweise sogar hochsignifikanten, positiven Trend in den Jännertemperaturen. Im gesamten Mann-Kendall-Dreieck ist nur ein signifikant negativer Trend bei einer Fensterbreite von 30 Jahren und einer Mitte des Trendfensters von 1933 zu erkennen. In den Februartemperaturen (Abbildung 3.8d) ist sogar kein einziger, signifikant negativer Trend zu beobachten. Trendfenster, die in den 1990ern bzw. Anfang des 21. Jahrhunderts enden, mit einer Fensterbreite von mehr als 70 Jahren zeigen wiederum einen signifikanten, teilweise hochsignifikanten, positiven Trend in den Februartemperaturen. Für Trendfenster mit einer Breite von weniger als 70 Jahren sind nur vereinzelt signifikant positve Trends zu erkennen, wie zum Beispiel bei einer Mitte des Trendfensters von 1940 und 1991 für eine Fensterbreite von weniger als 30 Jahren.

Die Messreihen der beiden Stationen Kufstein und Galtür besitzen dieselbe Länge. Daher wurde nun zum Vergleich auch ein Mittelwert der 4 Stationen Obergurgl-Vent, Innsbruck-Universität, Lienz und Kufstein für den Winter und die Monate Dezember, Jänner und Februar erstellt, dargestellt in Abbildung 3.9. Dabei sind nur geringe Unterschiede zwischen den beiden Abbildungen 3.8 und 3.9 zu erkennen. Auffällig ist, dass die langfristige Zunahme der Dezembertemperaturen für Fensterbreiten mit mehr als 100 Jahren in Abbildung 3.9b signifikanter als in Abbildung 3.8b ist, was aber auch damit zusammenhängt, dass die Zeitreihe in Abbildung 3.9b 10 Jahre später beginnt als die Zeitreihe in Abbildung 3.8b.

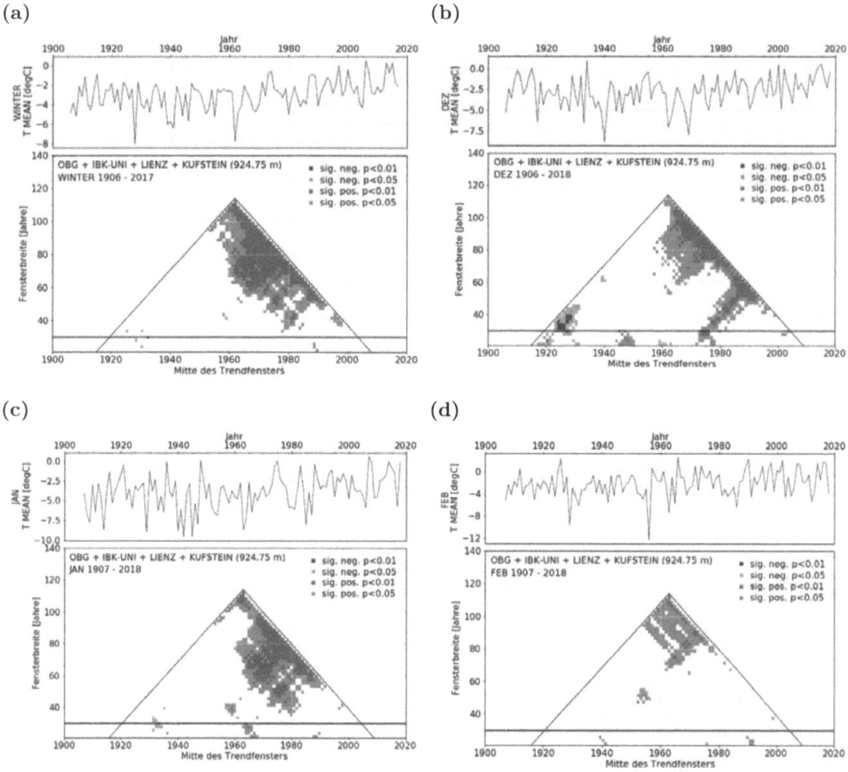

Abbildung 3.9: Verlauf der Wintertemperaturen (oben) und Mann-Kendall-Dreieck der Wintertemperaturen (unten) für den Mittelwert der Talstationen (mit Kufstein) (a) sowie Verlauf der Monatsmitteltemperaturen (oben) und Mann-Kendall-Dreieck der Monatsmitteltemperaturen (unten) von den Monaten Dezember (b), Jänner (c) und Februar (d) für den Mittelwert der Talstationen (mit Kufstein)

Die Zunahme der Winter- und Jännertemperaturen ist ebenfalls in den Abbildungen 3.9a und 3.9c signifikanter als in den Abbildungen 3.8a und 3.8c. Die Jännertemperaturen zeigen in Abbildung 3.9c im Vergleich mit Abbildung 3.8c verbreitet signifikant negative Trends bei einer Mitte des Trendfensters um 1930 und einer Fensterbreite von 30 Jahren. Die signifikant positiven Trends in den Februartemperaturen in Abbildung 3.9d beginnen im Gegensatz zur Abbildung 3.8d erst ab einer Fensterbreite von 80 Jahren.

Um möglichst lange Messreihen von gemittelten Werten zu erhalten, wurden auch noch Mittelwerte für die drei längsten Zeitreihen von den Talstationen erstellt. Dabei wurden Messreihen des Winters und der Monate Dezember, Jänner und Februar von den Messstationen Innsbruck-Universität, Lienz und Obergurgl-Vent verwendet. Dabei ergibt sich für die Wintertemperatur eine gemittelte Messreihe von 164 Jahren, welche wesentlich länger als die verwendeten Messreihen für die Wintertemperatur in den Abbildungen 3.8 und 3.9 ist.

In Abbildung 3.10 sind die Mann-Kendall-Dreiecke sowie der Verlauf der Temperatur für den Winter und die Monate Dezember, Jänner und Februar dargestellt. Dabei ist für die Winter-, Dezember- und Jännertemperaturen für eine Fensterbreite von mehr als 140 Jahren eine hochsignifikante Zunahme zu vermerken. Für dieselbe Fensterbreite ist die Zunahme in den Februartemperaturen in Abbildung 3.10d überwiegend signifikant, teilweise auch hochsignifikant. Generell beschränken sich signifikant positive Trends der Februartemperaturen hauptsächlich auf Trendfenster mit Fensterbreiten von mehr als 80 Jahren, welche in den 1990ern oder Anfang des 21. Jahrhunderts enden. Im 19. Jahrhundert und in der ersten Hälfte des 20. Jahrhunderts sind kaum signifikante Trends in den Februartemperaturen zu verzeichnen.

Die Temperaturen im Dezember zeigen auch hier die größte Variabilität (Abbildung 3.10b). Eine hochsignifikante Zunahme für eine Mitte des Trendfensters um 1900 für Fensterbreiten von bis zu 50 Jahren wird gefolgt von einer signifikanten Abnahme, wobei sich die Mitte des Trendfensters in den 1920ern befindet und die Fensterbreite 30 bis 40 Jahre beträgt. Auf eine kurzfristige Zunahme der Dezembertemperaturen (Fensterbreite kleiner als 30 Jahre) in den 1940ern folgt eine signifikante Abnahme um 1960, während in den 1970ern die Temperatur für eine Fensterbreite von 30 Jahren wiederum signifikant anstieg.

In Abbildung 3.10a und 3.10c zeigen sowohl die Jänner- als auch die Wintertemperaturen für Trendfenster mit einer Fensterbreite von mehr als 50 Jahren, die in den 1990ern und Anfang des 21. Jahrhunderts enden, überwiegend signifikant positive Trends. Eine zweite signifikante Erwärmung fand, wie in den Dezembertemperaturen bereits festgestellt, bei einer Mitte des Trendfensters um 1900 statt. Diese signifikante Zunahme ist in den Dezembertemperaturen in Abbildung 3.10b am deutlichsten erkennbar, die Jännertemperaturen in Abbildung 3.10c besitzen deutlich weniger signifikant positive Trends als die Dezembertemperaturen.

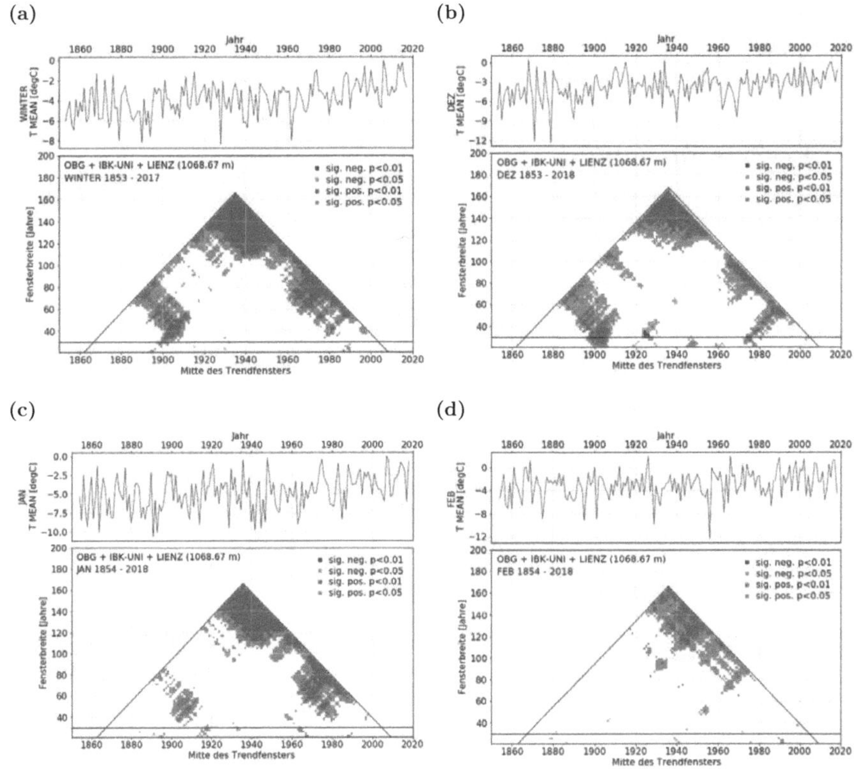

Abbildung 3.10: Verlauf der Wintertemperaturen (oben) und Mann-Kendall-Dreieck der Wintertemperaturen (unten) für den Mittelwert der Talstationen Innsbruck-Universität, Lienz und Obergurgl-Vent (a) sowie Verlauf der Monatsmitteltemperaturen (oben) und Mann-Kendall-Dreieck der Monatsmitteltemperaturen (unten) von den Monaten Dezember (b), Jänner (c) und Februar (d) für den Mittelwert der Talstationen Innsbruck-Universität, Lienz und Obergurgl-Vent

3.2 Bergstationen

In den Abbildungen 3.11, 3.12, 3.13 und 3.14 werden jeweils auf der linken Seite die Wintertemperaturen und auf der rechten Seite die Jännertemperaturen dargestellt. Grund dafür ist, wie bereits bei der Messstation Obergurgl-Vent in Abbildung 3.2, dass bei den Bergstationen im Monat Jänner bei einer Mitte des Trendfensters um 2000 und einer Fensterbreite zwischen 20 und 30 Jahren signifikant negative Trends in der Monatsmitteltemperatur zu verzeichnen sind. In den anderen beiden Wintermonaten Dezember und Februar konnte keine signifikante Abnahme im selben Zeitraum festgestellt werden. Daher werden die Abbildungen der Wintermonate Dezember und Februar der Bergstationen Schmittenhöhe, Sonnblick, Zugspitze und Patscherkofel nur im Anhang A angeführt. Für den Mittelwert der Bergstationen werden im Kapitel 3.2.5 jedoch alle Monate zum Vergleich dargestellt.

3.2.1 Schmittenhöhe

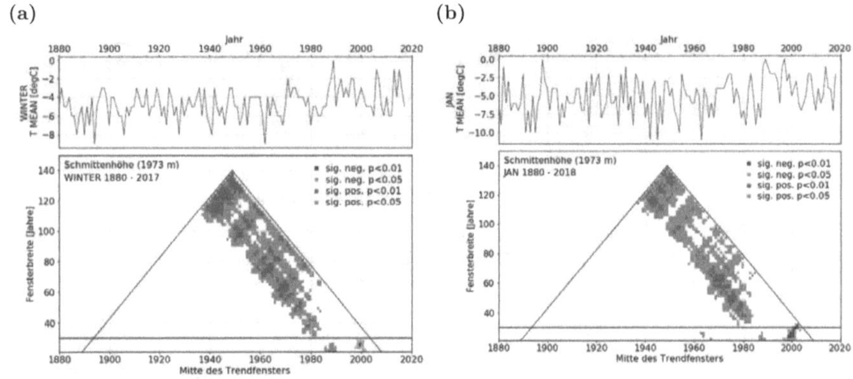

Abbildung 3.11: Links: Verlauf der Wintertemperaturen (oben) und Mann-Kendall-Dreieck der Wintertemperaturen (unten) für die Messstation Schmittenhöhe (a) Rechts: Verlauf der Jännertemperaturen (oben) und Mann-Kendall-Dreieck der Jännertemperaturen (unten) für die Messstation Schmittenhöhe (b)

Die Schmittenhöhe besitzt mit 138 Jahren die längste Messreihe der Temperatur der verwendeten Bergstationen. In Abbildung 3.11 ist sowohl für die Winter- als auch für die Jännertemperaturen ein signifikanter Anstieg für Fensterbreiten von mehr als 100 Jahren zu erkennen. Im Verlauf der Monats- bzw. Wintermitteltemperatur ist eine starke Zunahme zwischen 1960 und 1990 zu beobachten, welche in den 1980ern sprunghaft stattgefunden hat. Daher sind Trendfenster, die in den 1990ern und am Anfang der 2000er enden, signifikant oder sogar hochsignifikant positiv. Nach 1990 stagnierte die Temperatur und nahm sogar leicht ab. Daher sind im Mann-Kendall-Dreieck sogar signifikant negative Trends in den Jänner- und Wintertemperaturen zu erkennen. Dabei besitzen die Jännertemperaturen in Abbildung 3.11b auch negative Trends, die über eine Fensterbreite von 30 Jahren hinausgehen und somit dem von der WMO vorgegebenen, klimatologischen Mittel entsprechen (fette, schwarze Linie in Abbildung 3.11). Die Wintertemperaturen in Abbildung 3.11a sind jedoch nur unterhalb einer Fensterbreite von 30 Jahren signifikant.

3.2.2 Sonnblick

(a)

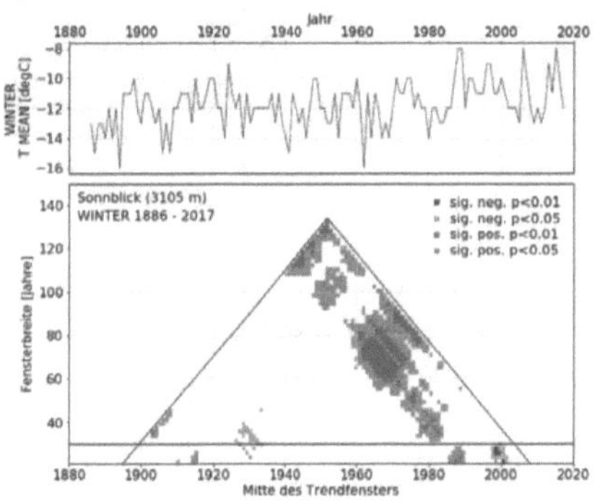

(b)

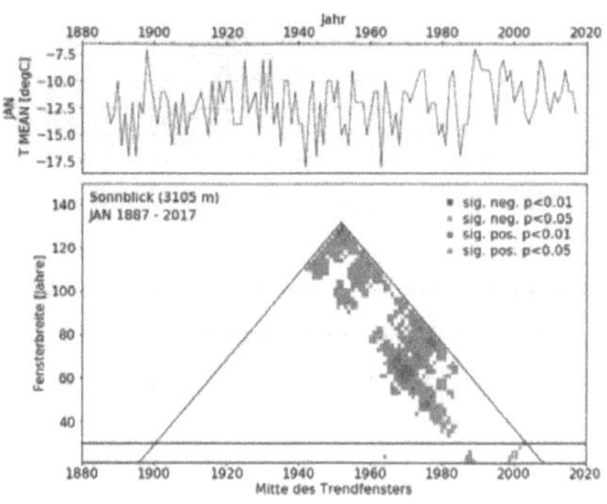

Abbildung 3.12: Links: Verlauf der Wintertemperaturen (oben) und Mann-Kendall-Dreieck der Wintertemperaturen (unten) für die Messstation Sonnblick (a) Rechts: Verlauf der Jännertemperaturen (oben) und Mann-Kendall-Dreieck der Jännertemperaturen (unten) für die Messstation Sonnblick (b)

Am Sonnblick starteten die Messungen im Jahre 1887, somit besitzt die Messreihe eine Länge von 131 Jahren. Sowohl die Jänner- als auch die Wintertemperaturen in Abbildung 3.12 zeigen ein ähnliches Bild wie die Messreihen der Schmittenhöhe in Abbildung 3.11. In den 1980ern nahmen die Temperaturen sprunghaft zu, wodurch Mann-Kendall Trend Tests, deren Trendfenster in den 1990ern und zu Beginn der 2000er enden, signifikant positiv sind. Danach nahmen die Temperaturen leicht ab, wodurch signifikant negative Trends bei einer Mitte des Trendfensters von 2000 zu erkennen sind. Im Gegensatz zur Schmittenhöhe sind die negativen Trends am Sonnblick bei den Wintertemperaturen in Abbildung 3.12a signifikanter als bei den Jännertemperaturen in Abbildung 3.12b. Sowohl die Winter- als auch die Jännertemperaturen besitzen genau einen signifikant negativen Trend für eine Fensterbreite von 30 Jahren. In Abbildung 3.12a sind bei einer Mitte des Trendfensters von 1930 noch weitere negative Trends zu erkennen, welche bis zu einer Fensterbreite von 40 Jahren reichen.

3.2.3 Zugspitze

(a) (b)

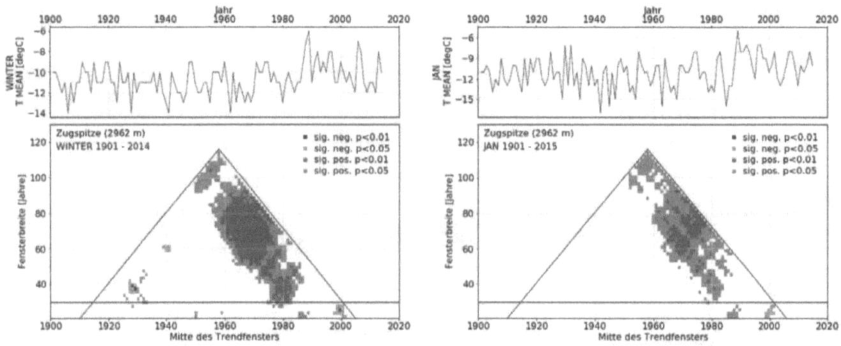

Abbildung 3.13: Links: Verlauf der Wintertemperaturen (oben) und Mann-Kendall-Dreieck der Wintertemperaturen (unten) für die Messstation Zugspitze (a) Rechts: Verlauf der Jännertemperaturen (oben) und Mann-Kendall-Dreieck der Jännertemperaturen (unten) für die Messstation Zugspitze (b)

Auf der Zugspitze gehen die Messungen bis ins Jahr 1901 zurück. In Abbildung 3.13 ist sowohl in den Winter- als auch in den Jännertemperaturen langfristig für Fensterbreiten von mehr als 100 Jahren ein signifikanter Anstieg zu erkennen. Wie bereits in Abbildung 3.11 und 3.12 nehmen die Temperaturen in den 1980ern sprunghaft zu, wodurch sich für Trendfenster, welche in den 1990ern und Anfang der 2000er enden, signifikant positive Trends ergeben. Ebenfalls kam es auf der Zugspitze nach 1990 zu einer Abnahme der Winter- und Jännertemperaturen. Diese Abnahme zeigt jedoch nur signifikant negative Trends für Fensterbreiten mit weniger als 30 Jahren. Außerdem sind in Abbildung 3.13a bei einer Mitte des Trendfensters um 1930 signifikant negative Trends in den Wintertemperaturen für Fensterbreiten zwischen 30 und 50 Jahren zu beobachten.

3.2.4 Patscherkofel

(a)

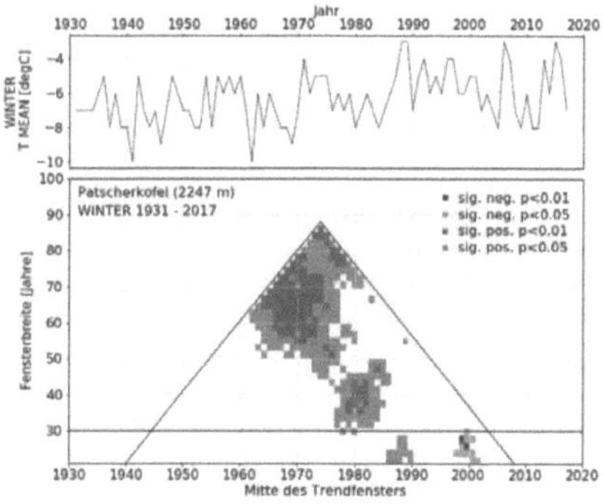

(b)

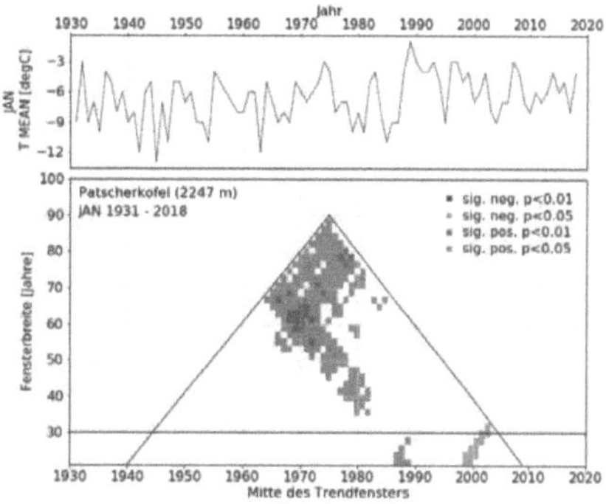

Abbildung 3.14: Links: Verlauf der Wintertemperaturen (oben) und Mann-Kendall-Dreieck der Wintertemperaturen (unten) für die Messstation Patscherkofel (a) Rechts: Verlauf der Jännertemperaturen (oben) und Mann-Kendall-Dreieck der Jännertemperaturen (unten) für die Messstation Patscherkofel (b)

Der Patscherkofel weist mit 87 Jahren die kürzeste Messreihe der hier verwendeten Bergstationen auf. In Abbildung 3.14 ist für Trendfenster mit einer Breite von mehr als 70 Jahren eine signifikante Zunahme der Winter- und Jännertemperaturen festzustellen. Ende der 1980er stiegen die Temperaturen sprunghaft an, wodurch signifikant positive Trends für Fensterbreiten mit weniger als 30 Jahren in diesem Zeitraum zu beobachten sind. Trendfenster mit einer Breite von mehr als 30 Jahren, welche in den 1990ern und zu Beginn der 2000er enden, zeigen ebenfalls signifikant positive Trends sowohl für die Winter- als auch für die Jännertemperaturen. Nach 1990 kam es wie bei den anderen Bergstationen auch am Patscherkofel zu einer Abnahme in den Winter- und Jännertemperaturen. Dadurch sind signifikant negative Trends bei einer Mitte des Trendfensters um 2000 in den Abbildungen 3.14a und 3.14b zu beobachten. In beiden Abbildungen erreichen die signifikant negativen Trends auch eine Fensterbreite von 30 Jahren.

3.2.5 Mittelwert der Bergstationen

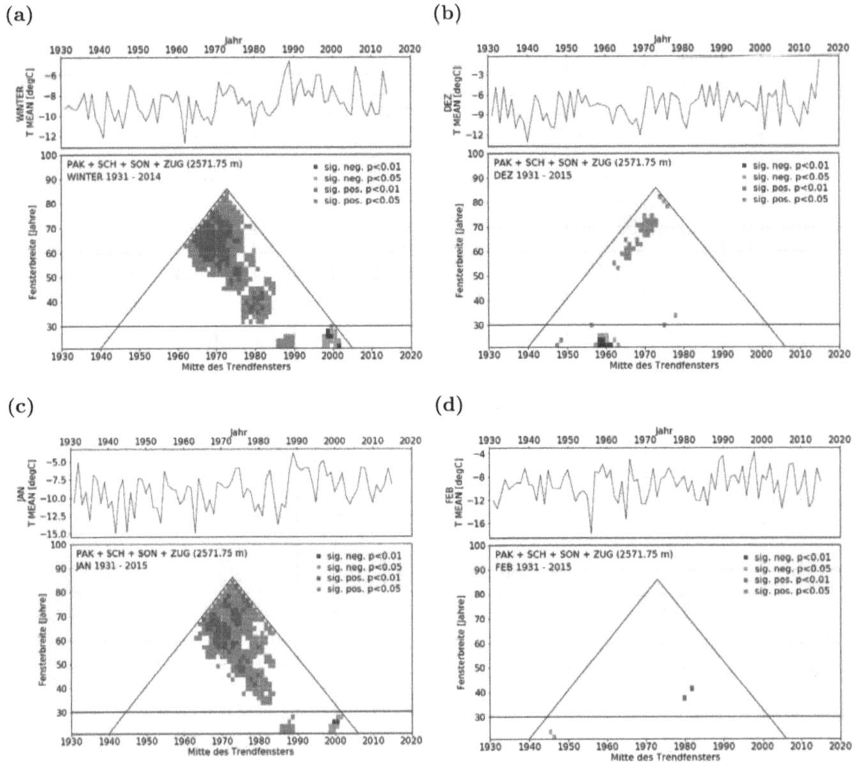

Abbildung 3.15: Verlauf der Wintertemperaturen (oben) und Mann-Kendall-Dreieck der Wintertemperaturen (unten) für den Mittelwert der Bergstationen Patscherkofel, Schmittenhöhe, Sonnblick und Zugspitze (a) sowie Verlauf der Monatsmitteltemperaturen (oben) und Mann-Kendall-Dreieck der Monatsmitteltemperaturen (unten) von den Monaten Dezember (b), Jänner (c) und Februar (d) für den Mittelwert der Bergstationen Patscherkofel, Schmittenhöhe, Sonnblick und Zugspitze

In Abbildung 3.15 ist der Mittelwert aller 4 Bergstationen dargestellt, welcher eine mittlere Seehöhe von 2571.75 m besitzt. Die ähnliche Entwicklung aller 4 Bergstationen führt auch zu einem ähnlichen Bild für den Mittelwert der Bergstationen. Wiederum kann in den 1980ern ein sprunghafter Anstieg in den Winter- und Jännertemperaturen beobachtet werden, der von einer leichten Abnahme der Temperaturen gefolgt wird. Daraus ergeben sich signifikant positive Trends für Trendfenster, die in den 1990ern und zu Beginn der 2000er enden, sowie signifikant negative Trends für eine Mitte des Trendfensters um 2000. In Abbildung 3.15c liegen die signifikant negativen Trends der Jännertemperaturen alle unterhalb einer Fensterbreite von 30 Jahren. In den Wintertemperaturen in Abbildung 3.15a ist aber auch ein signifikant negativer Trend für ein Trendfenster von 30 Jahren zu beobachten. Daraus lässt sich schließen, dass in den letzten drei Jahrzehnten für die Bergstationen signifikant negative Trends in den Winter- und Jännertemperaturen vorhanden sind, wobei die Mehrheit der Trendfenster kürzer als die klimatologische Zeitspanne von 30 Jahren sind. In einem einzigen Fall für ein Trendfenster zwischen 1984 und 2014 und einer sich daraus ergebenen Mitte des Trendfensters von 1999 erreichen die Wintertemperaturen des Mittelwertes der Bergstationen auch eine Fensterbreite von 30 Jahren. Langfristig, also für Trendfenster von mehr als 50 Jahren, überwiegen aber die signifikant positiven Trends in den Abbildungen 3.15a und 3.15c.

Die Monatsmitteltemperaturen im Dezember (Abbildung 3.15b) und im Februar (Abbildung 3.15d) zeigen eine sehr hohe Variabilität, aber im Gegensatz zu den Winter- und Jännertemperaturen nur wenige, signifikante Trends. Für die Dezembertemperaturen sind bei einer Mitte des Trendfensters um 1970 und einer Fensterbreite von 70 Jahren langfristig signifikant, positive Trends zu verzeichnen. Kurzfristig nahmen die Dezembertemperaturen bei einer Mitte des Trendfensters von 1960 und einer Fensterbreite von weniger als 30 Jahren signifikant ab. Im Mann-Kendall-Dreieck der Februartemperaturen sind überhaupt nur vier signifikante Trends in der Monatsmitteltemperatur zu beobachten. Daher kann in den Februartemperaturen der Bergstationen weder eine signifikante Erwärmung noch eine signifikante Abkühlung im Zeitraum von 1931 bis 2015 festgestellt werden.

Zum Vergleich wurde auch ein Mittelwert nur für die drei Bergstationen innerhalb von Österreich (Sonnblick, Schmittenhöhe und Patscherkofel) erstellt (Abbildung 3.16). Dabei ergibt sich natürlich ein sehr ähnliches Bild wie in Abbildung 3.15, aber im Gegensatz dazu erreichen nicht nur die Wintertemperaturen signifikant negative Trends bei einer Fensterbreite von 30 Jahren, sondern auch die Jännertemperaturen (Abbildung 3.16c). Daher existiert in den Jännertemperaturen in höheren Lagen eine signifikante Abnahme für Trendfenster zwischen 1986 und 2018, die sich aber vorwiegend auf Fensterbreiten mit weniger als 30 Jahren beschränken. In den Mann-Kendall-Dreiecken des Dezembers und des Februars in Abbildung 3.16 ist kaum ein Unterschied zu den jeweiligen Mann-Kendall-Dreiecken in Abbildung 3.15 zu erkennen. In den Wintertemperaturen ist der langfristige, signifikant positive Trend in Abbildung 3.16a ausgeprägter als in Abbildung 3.15a.

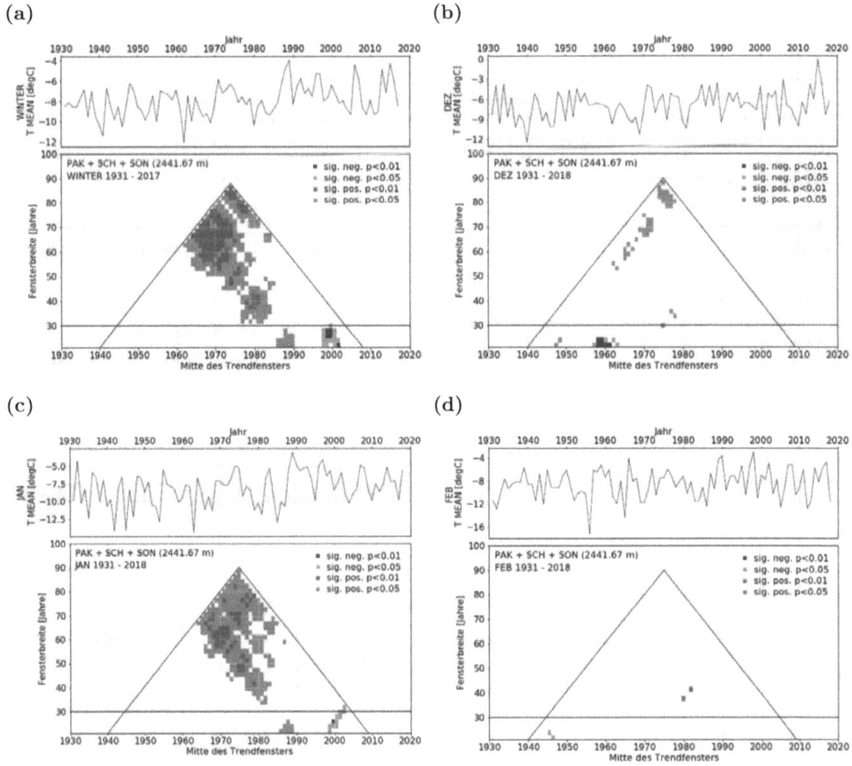

Abbildung 3.16: Verlauf der Wintertemperaturen (oben) und Mann-Kendall-Dreieck der Wintertemperaturen (unten) für den Mittelwert der Bergstationen Patscherkofel, Schmittenhöhe und Sonnblick (a) sowie Verlauf der Monatsmitteltemperaturen (oben) und Mann-Kendall-Dreieck der Monatsmitteltemperaturen (unten) von den Monaten Dezember (b), Jänner (c) und Februar (d) für den Mittelwert der Bergstationen Patscherkofel, Schmittenhöhe und Sonnblick

In den Abbildungen 3.17 und 3.18 werden nun noch die Wintertemperaturen als Mittelwert der Monate Dezember, Jänner und Februar verglichen mit dem Mittelwert der Monate November, Dezember, Jänner, Februar und März. Dabei ist auf dem ersten Blick erkennbar, dass die Abbildungen 3.17b und 3.18b bei einer Mitte des Trendfensters um 2000 und einer Fensterbreite von weniger als 30 Jahren im Gegensatz zu den Abbildungen 3.17a und 3.18a keine signifikant negativen Trends besitzen. Daher ist die signifikante Abnahme der Wintertemperaturen bei einer Mitte des Trendfensters um 2000 hauptsächlich auf die Jännertemperaturen zurückzufolgen.

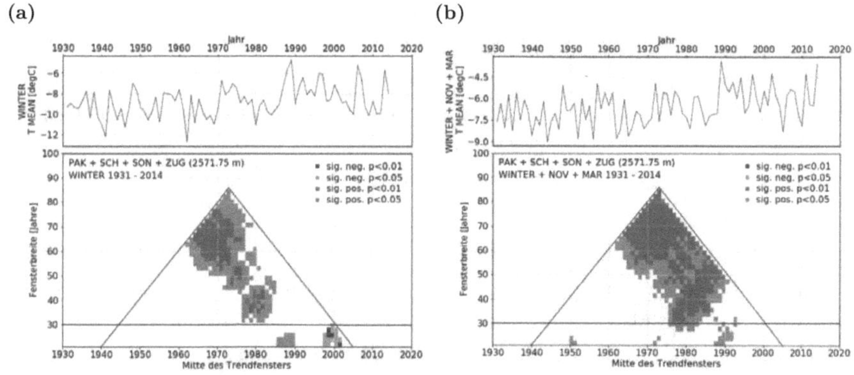

Abbildung 3.17: Links: Verlauf der Wintertemperaturen (oben) und Mann-Kendall-Dreieck der Wintertemperaturen (unten) für den Mittelwert der Bergstationen Patscherkofel, Schmittenhöhe, Sonnblick und Zugspitze (a) Rechts: Verlauf der Wintertemperaturen mit November und März (oben) und Mann-Kendall-Dreieck der Wintertemperaturen mit November und März (unten) für den Mittelwert der Bergstationen Patscherkofel, Schmittenhöhe, Sonnblick und Zugspitze (b)

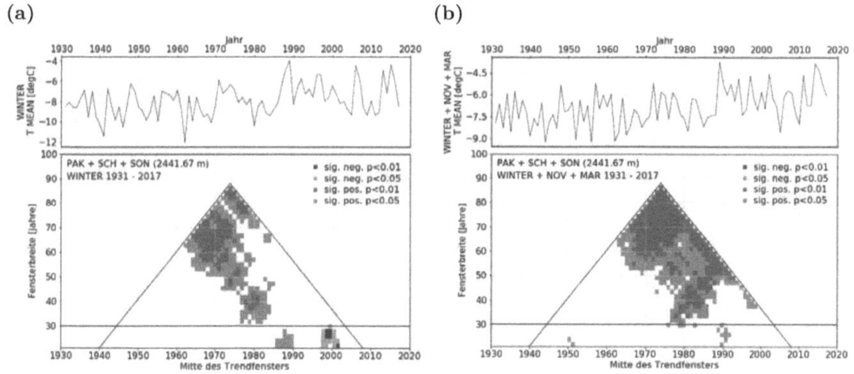

Abbildung 3.18: Links: Verlauf der Wintertemperaturen (oben) und Mann-Kendall-Dreieck der Wintertemperaturen (unten) für den Mittelwert der Bergstationen Patscherkofel, Schmittenhöhe und Sonnblick (a) Rechts: Verlauf der Wintertemperaturen mit November und März (oben) und Mann-Kendall-Dreieck der Wintertemperaturen mit November und März (unten) für den Mittelwert der Bergstationen Patscherkofel, Schmittenhöhe und Sonnblick (b)

Sobald der Mittelwert der Wintertemperaturen nicht nur aus den Monaten Dezember, Jänner und Februar sondern zusätzlich auch aus den Monaten November und März berechnet wird, ist bei einer Mitte des Trendfensters von 2000 und einer Fensterbreite von weniger als 30 Jahren kein signifikant negativer Trend mehr zu erkennen. Für beide Mittelwerte der Wintertemperaturen ist jedoch ein sprunghafter Anstieg der Temperatur in den 1980ern zu beobachten. Daher sind Mann-Kendall Trend Tests, die in den 1990ern und Anfang der 2000er enden, signifikant positiv. Für Fensterbreiten mit mehr als 70 Jahren ist der Mittelwert der Monate November, Dezember, Jänner, Februar und März sowohl in Abbildung 3.17b als auch in Abbildung 3.18b hochsignifikant positiv. Im Gegensatz dazu sind die Wintertemperaturen in den Abbildungen 3.17a und 3.18a nur teilweise hochsignifikant positiv.

3.3 Vergleich von Berg- und Talstationen

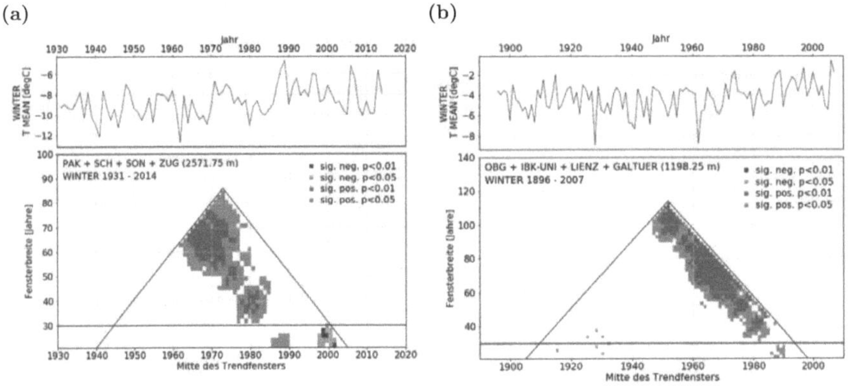

Abbildung 3.19: Links: Verlauf der Wintertemperaturen (oben) und Mann-Kendall-Dreieck der Wintertemperaturen (unten) für den Mittelwert der Bergstationen Patscherkofel, Schmittenhöhe, Sonnblick und Zugspitze (a) Rechts: Verlauf der Wintertemperaturen (oben) und Mann-Kendall-Dreieck der Wintertemperaturen (unten) für den Mittelwert der Talstationen Obergurgl-Vent, Innsbruck-Universität, Lienz und Galtür (b)

Zum Vergleich von niedrigen mit höheren Lagen werden in Abbildung 3.19 die Wintertemperaturen der Mittelwerte der Berg- und Talstationen verglichen. Dabei werden in Abbildung 3.19a der Mittelwert der Wintertemperaturen von allen 4 Bergstationen gebildet, die Abbildung 3.19b entspricht dem Mittelwert der Wintertemperaturen der Messstationen Obergurgl-Vent, Innsbruck-Universität, Lienz und Galtür.

Die Wintertemperaturen in höheren Lagen zeigen ihre stärksten Zuwächse zwischen 1960 und 1990, wobei Ende der 1980er eine sprunghafte Zunahme in den Wintertemperaturen stattgefunden hat. Dadurch zeigen sich im Mann-Kendall-Dreieck hochsignifikant positive Trends für Trendfenster, die in den 1990ern und Anfang der 2000er enden und eine Breite von mehr als 30 Jahren besitzen. Seit 1990 zeigen die Wintertemperaturen in höheren Lagen einen leicht abnehmenden Trend, der bei einer Mitte des Trendfensters um 2000 für Fensterbreiten zwischen 20 und 30 Jahren teilweise signifikant negativ ist (Abbildung 3.19a). Im Gegensatz dazu zeigen die Wintertemperaturen in Tallagen in den letzten 50 Jahren einen signifikant positiven Trend (Abbildung 3.19b). Nur die Messstation Obergurgl-Vent (Abbildung 3.2) besitzt aufgrund ihrer hohen Lage auf 1939 m Seehöhe einen signifikant negativen Trend in den Wintertemperaturen seit 1990. Daher kann in den letzten 30 - 50 Jahren in niedrigen Lagen eine stärkere Erwärmung der Wintertemperaturen als in höheren Lagen festgestellt werden. Diese stärkere Erwärmung der Tallagen gegenüber höheren Lagen wird als negatives Elevation-Dependent Warming bezeichnet.

Kapitel 4

Diskussion

Trotz der langfristig, hoch signifikanten Zunahme der Temperatur an den Bergstationen Tirols ist bei einer Mitte des Trendfensters um das Jahr 2000 und einer Breite des Trendfensters zwischen 20 und 30 Jahren in höheren Lagen eine signifikante Abnahme in den Wintertemperaturen zu verzeichnen (siehe Abbildung 3.15a). Die ähnliche Entwicklung in den Wintertemperaturen aller 4 Bergstationen lässt auch darauf schließen, dass alle 4 Bergstationen von denselben klimatologischen Änderungen betroffen sind. Ceppi et al. (2012) beschreiben, dass Änderungen in der atmosphärischen Zirkulation für die Hälfte der Trends in den Wintertemperaturen verantwortlich sind. Vor allem in höheren Lagen, wo es im Winter zu einer Entkopplung von der atmosphärischen Grenzschicht kommt, spielen die Änderungen in der atmosphärischen Zirkulation eine wichtige Rolle. Deshalb zeigen alle Bergstationen auch beinahe dieselben Trends in den Wintertemperaturen. Regionale Gegebenheiten spielen im Winter jedoch nur eine untergeordnete Rolle.

Die Wintertemperaturen in den Alpen werden über mehrere Jahrzehnte vor allem durch die Änderungen in der North Atlantic Oscillation (NAO) beeinflusst. Generell führen Wetterlagen mit einem positive NAO-Index zu einer Erwärmung, Wetterlagen mit einem negative NAO-Index hingegen zu einer Abkühlung in den Alpen. Die starke, sprunghafte Zunahme der Wintertemperaturen am Ende der 1980er und zu Beginn der 1990er fällt zusammen mit einer Ansammlung von Wintern mit einem positiven NAO-Index, wodurch die Winter wärmer und feuchter waren (Pepin et al. (2015)). Die darauffolgende Abkühlung kann nun teilweise damit erklärt werden, dass die Winter in den Folgejahren öfters Wetterlagen mit einem negativen NAO-Index ausgesetzt waren, was zu kühleren Temperaturen in höheren Lagen führte.

Aufgrund dieser starken Abhängigkeit der Wintertemperaturen von den Änderungen der atmosphärischen Zirkulation ergibt sich auch eine hohe Variabilität der hochalpinen Wintertemperaturen. Diese hohe Variabilität führt bereits bei kleinsten Änderungen in der Wahl des Zeitraumes, über den eine Trendanalyse durchgeführt werden soll, zu großen Unterschieden in den Ergebnissen. Dadurch entstehen auch Trends, die nicht dem langfristigen Trend entsprechen und eher zufälliger Natur sind, wie beispielsweise die Abnahme der Wintertemperaturen in höheren Lagen zwischen 1984 und 2014. Daher bezeichnen Gobiet et al. (2017) eine Periode von 30 Jahren für die Berechnung von langfristigen Trends der hochalpinen Wintertemperaturen als zu kurz. In den Abbildungen 3.15a und 3.16a erreichen die signifikant negativen Trends der beiden Mittelwerte der Bergstationen bei einer Mitte des Trendfensters von 1999 genau diese Fensterbreite von 30 Jahren. Für Trendfenster mit einer Breite von weniger als 30 Jahren konnten weitere signifikant negative Trends festgestellt werden, welche teilweise sogar hochsignifikant negativ ausfallen. Dieses Ergebnis bestätigt nun die Behauptung von Gobiet et al. (2017), dass aufgrund der hohen Variabilität der Wintertemperaturen eine Periode bzw. ein Trendfenster von 30 Jahren für die Berechnung eines langfristigen Trends der hochalpinen Wintertemperaturen zu kurz ist.

Während die Temperaturen im Winter in höheren Lagen zwischen 1984 und 2014 einen abnehmenden Trend zeigen, sind die Temperaturen in niedrigen Lagen weiter gestiegen (siehe Abbildung 3.8a). Philipona (2013) führt die starke Zunahme der Temperaturen in den Tallagen vor allem auf einen Rückgang anthropogener Aerosole in Europa seit Mitte der 1980er zurück. Durch den verstärkten Einfall von kurzwelliger Strahlung kommt es folglich zur Erwärmung. Da in höheren Lagen die Aerosolkonzentrationen generell gering sind, hat die Abnahme von anthropogenen Aerosolen kaum Auswirkungen auf die Temperatur. Somit kommt es zu einem negativen Elevation-Dependent Warming. Dem wirkt jedoch ein verstärktes Wasserdampf-Feedback in höheren Lagen entgegen. Des Weiteren kann auch Aufforstung eine stärkere Erwärmung in Tallagen unterstützen, da Wälder eine geringere Albedo als Wiesen und Weiden besitzen und somit mehr kurzwellige Strahlung absorbiert werden kann (Tudoroiu et al. (2016)).

Ein negatives Elevation-Dependent Warming konnte auch bereits von Begert and Frei (2018) festgestellt werden. Dabei erhielten sie für die Wintertemperaturen unterhalb von 1000 m Seehöhe eine Zunahme von 1.43°C/100 Jahre sowie für die Wintertemperaturen oberhalb von 1000 m Seehöhe eine Zunahme von nur 1.10°C/100 Jahre. Im Gegensatz zu Begert and Frei (2018) erhält man durch die Mann-Kendall Trend Tests keine genauen Zahlenwerte, welche eine stärkere Erwärmung in den Tallagen identifizieren könnten. Der Mann-Kendall Trend Test gibt nur Aussage darüber, ob in einem bestimmten Trendfenster ein signifikant positiver oder ein signifikant negativer Trend in den Wintertemperaturen zu erkennen ist. Daher kann mit Mann-Kendall Trend Tests allein auch nicht festgestellt werden, ob ein negatives Elevation-Dependent Warming in Tirol nicht nur in den letzten 50 Jahren sondern auch für längere Zeitreihen existiert.

Kapitel 5

Schlussfolgerung

Insgesamt kann sowohl für die Berg- als auch für die Talstationen in Tirol langfristig eine hochsignifikante Erwärmung festgestellt werden. Aufgrund der hohen Variabilität der Wintertemperaturen können kurzfristig auch signifikant negative Trends in den Wintertemperaturen auftreten, welche das von der WMO vorgegebene, klimatologische Mittel von 30 Jahren erreichen. Für den Mittelwert der Bergstationen Patscherkofel, Schmittenhöhe, Sonnblick und Zugspitze konnte für ein Trendfenster zwischen 1984 und 2014 mit einer Breite von 30 Jahren ein signifikant negativer Trend in den Wintertemperaturen festgestellt werden. In demselben Zeitraum wurden auch noch weitere, signifikante Abnahmen beobachtet, wobei die Breite der Trendfenster unterhalb von 30 Jahren lagen. In den Jännertemperaturen konnte für den Mittelwert der Bergstationen Patscherkofel, Schmittenhöhe und Sonnblick im Zeitraum von 1986 bis 2018 ebenfalls signifikant negative Trends verzeichnet werden, wobei ein Trend auch das klimatologische Mittel von 30 Jahren überschritt. Diese negativen Trends in den Wintertemperaturen unterscheiden sich aber stark von der langfristigen Erwärmung. Daher ist eine Periode von 30 Jahren zu kurz, um langfristige Trends in den hochalpinen Wintertemperaturen zu berechnen.

Außerdem konnte mit Hilfe der Mann-Kendall-Dreiecke nur eine Trendanalyse in den Wintertemperaturen in Tirol durchgeführt werden. Genaue Zahlenwerte, welche eine stärkere Erwärmung der Tallagen gegenüber höheren Lagen und somit ein negatives Elevation-Dependent Warming in Tirol beweisen könnten, wurden nicht berechnet. Trotzdem konnte bereits mit dieser einfachen Trendanalyse eine stärkere Erwärmung in niedrigeren Lagen als in höheren in den letzten 30 - 50 Jahren beobachtet werden. Des Weiteren stellt sich die Frage, ob sich dieses negative Elevation-Dependent Warming nur auf die Wintertemperaturen in Tirol bezieht oder ob auch in anderen Jahreszeiten oder sogar ganzjährlich eine stärkere Erwärmung in niedrigeren Lagen stattfindet.

Anhang A

Mann-Kendall-Dreiecke der nicht-verwendeten Wintermonate

A.1 Talstationen

(a) (b)

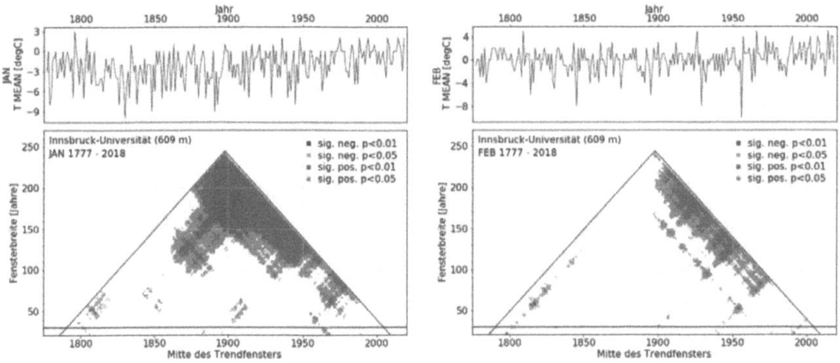

Abbildung A.1: Links: Verlauf der Jännertemperaturen (oben) und Mann-Kendall-Dreieck der Jännertemperaturen (unten) für die Messstation Innsbruck-Universität (a) Rechts: Verlauf der Februartemperaturen (oben) und Mann-Kendall-Dreieck der Februartemperaturen (unten) für die Messstation Innsbruck-Universität (b)

(a) (b)

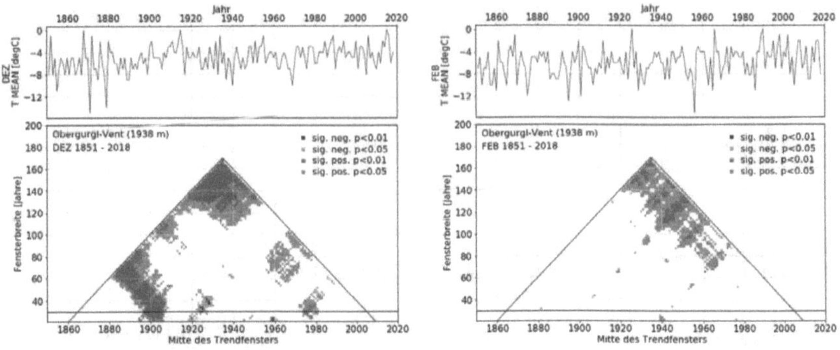

Abbildung A.2: Links: Verlauf der Dezembertemperaturen (oben) und Mann-Kendall-Dreieck der Dezembertemperaturen (unten) für die Messstation Obergurgl-Vent (a) Rechts: Verlauf der Februartemperaturen (oben) und Mann-Kendall-Dreieck der Februartemperaturen (unten) für die Messstation Obergurgl-Vent (b)

(a) (b)

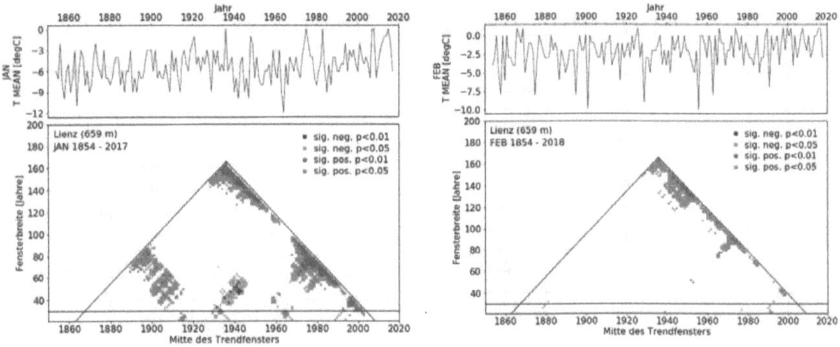

Abbildung A.3: Links: Verlauf der Jännertemperaturen (oben) und Mann-Kendall-Dreieck der Jännertemperaturen (unten) für die Messstation Lienz (a) Rechts: Verlauf der Februartemperaturen (oben) und Mann-Kendall-Dreieck der Februartemperaturen (unten) für die Messstation Lienz (b)

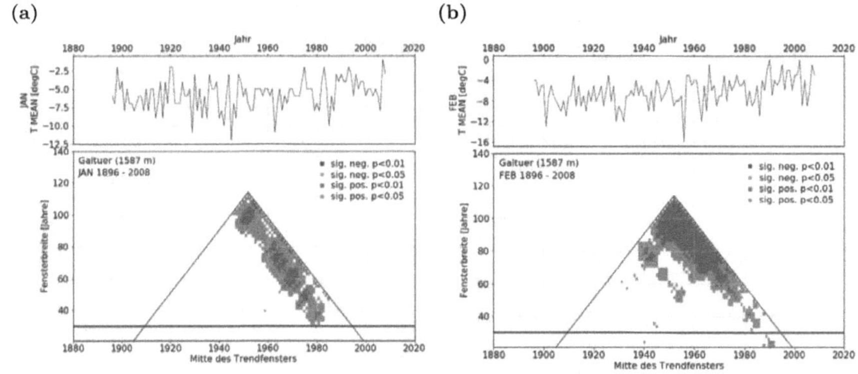

Abbildung A.4: Links: Verlauf der Jännertemperaturen (oben) und Mann-Kendall-Dreieck der Jännertemperaturen (unten) für die Messstation Galtür (a) Rechts: Verlauf der Februartemperaturen (oben) und Mann-Kendall-Dreieck der Februartemperaturen (unten) für die Messstation Galtür (b)

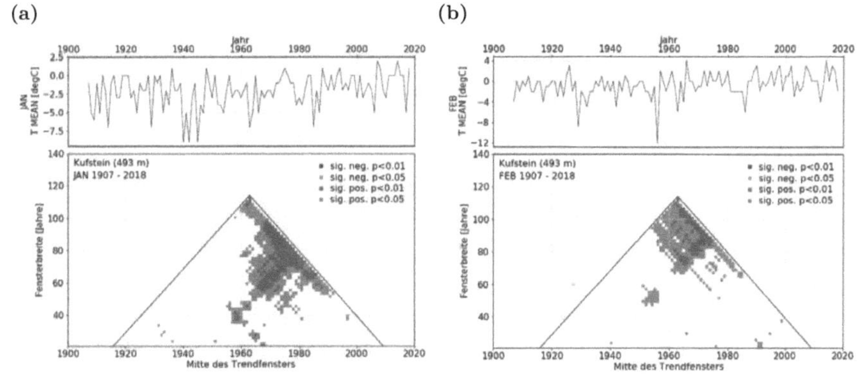

Abbildung A.5: Links: Verlauf der Jännertemperaturen (oben) und Mann-Kendall-Dreieck der Jännertemperaturen (unten) für die Messstation Kufstein (a) Rechts: Verlauf der Februartemperaturen (oben) und Mann-Kendall-Dreieck der Februartemperaturen (unten) für die Messstation Kufstein (b)

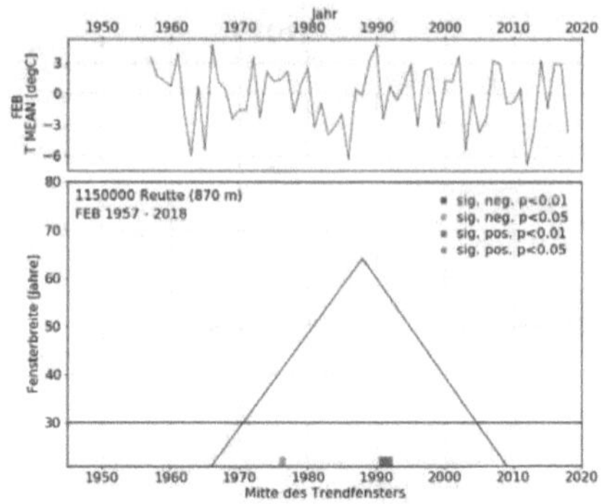

Abbildung A.6: Verlauf der Februartemperaturen (oben) und Mann-Kendall-Dreieck der Februartemperaturen (unten) für die Messstation Reutte

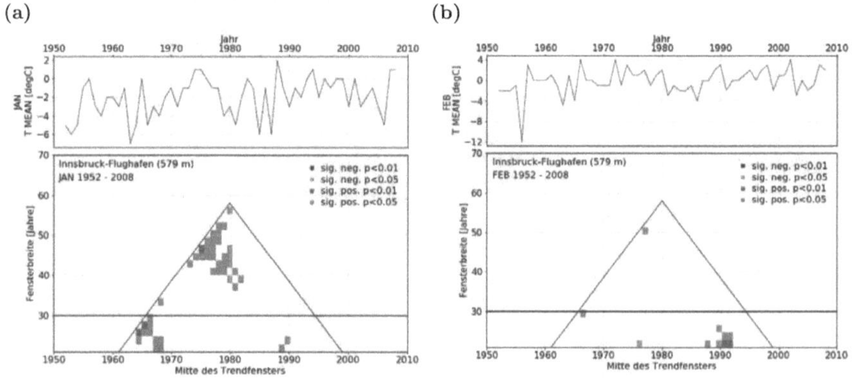

Abbildung A.7: Links: Verlauf der Jännertemperaturen (oben) und Mann-Kendall-Dreieck der Jännertemperaturen (unten) für die Messstation Innsbruck-Flughafen (a) Rechts: Verlauf der Februartemperaturen (oben) und Mann-Kendall-Dreieck der Februartemperaturen (unten) für die Messstation Innsbruck-Flughafen (b)

A.2 Bergstationen

(a) (b)

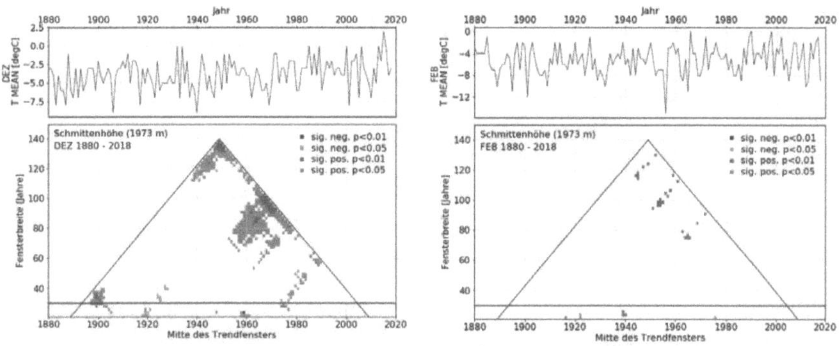

Abbildung A.8: Links: Verlauf der Dezembertemperaturen (oben) und Mann-Kendall-Dreieck der Dezembertemperaturen (unten) für die Messstation Schmittenhöhe (a) Rechts: Verlauf der Februartemperaturen (oben) und Mann-Kendall-Dreieck der Februartemperaturen (unten) für die Messstation Schmittenhöhe (b)

(a) (b)

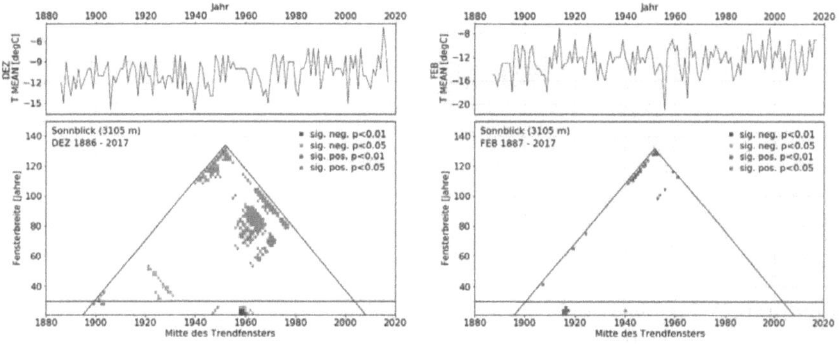

Abbildung A.9: Links: Verlauf der Dezembertemperaturen (oben) und Mann-Kendall-Dreieck der Dezembertemperaturen (unten) für die Messstation Sonnblick (a) Rechts: Verlauf der Februartemperaturen (oben) und Mann-Kendall-Dreieck der Februartemperaturen (unten) für die Messstation Sonnblick (b)

(a) (b)

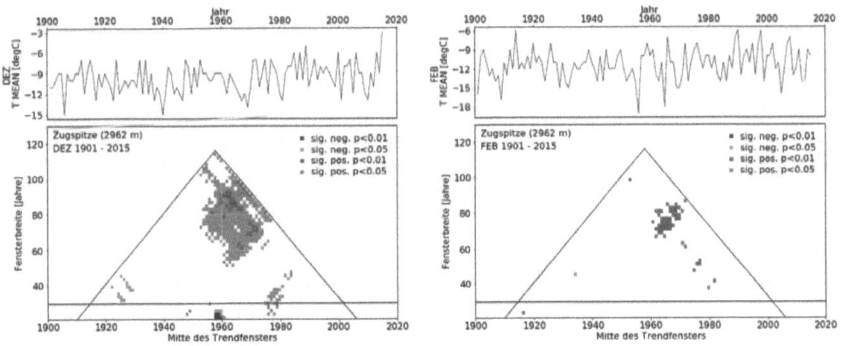

Abbildung A.10: Links: Verlauf der Dezembertemperaturen (oben) und Mann-Kendall-Dreieck der Dezembertemperaturen (unten) für die Messstation Zugspitze (a) Rechts: Verlauf der Februartemperaturen (oben) und Mann-Kendall-Dreieck der Februartemperaturen (unten) für die Messstation Zugspitze (b)

(a) (b)

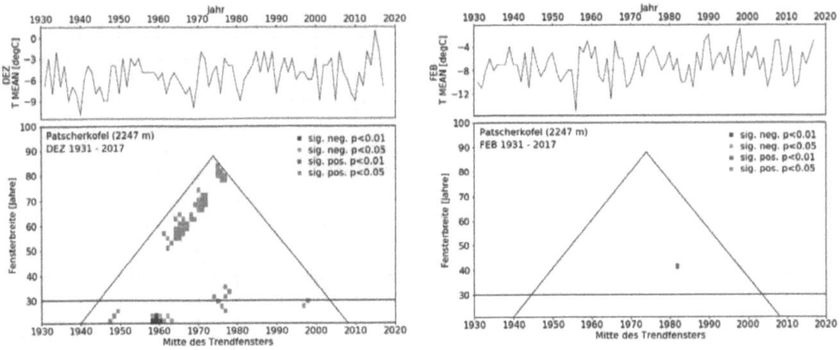

Abbildung A.11: Links: Verlauf der Dezembertemperaturen (oben) und Mann-Kendall-Dreieck der Dezembertemperaturen (unten) für die Messstation Patscherkofel (a) Rechts: Verlauf der Februartemperaturen (oben) und Mann-Kendall-Dreieck der Februartemperaturen (unten) für die Messstation Patscherkofel (b)

Literaturverzeichnis

Adler, S., et al., 2015: *Das Klima von Tirol - Südtirol - Veneto. Vergangenheit - Gegenwart - Zukunft.* Zentralanstalt für Meteorologie und Geodynamik (ZAMG), Abteilung Brand- und Zivilschutz - Autonome Provinz Bozen, Agenzia Regionale per la Prevenzione e Protezione Ambientale del Veneto (ARPAV), 10-11 pp.

Aigner, G., W. Gattermayr, and C. Zenkl, 2018: Die Winter in Tirol seit 1895. Eine Analyse amtlicher Temperatur- und Schneemessreihen. URL https://www.zukunft-skisport.at/site/assets/files/1019/studie_tirol_forum-zukunft-skisport_nov2018.pdf.

Auer, I., et al., 2007: HISTALP—historical instrumental climatological surface time series of the Greater Alpine Region. *International Journal of Climatology*, **27 (1)**, 17–46, doi:10.1002/joc.1377, URL https://rmets.onlinelibrary.wiley.com/doi/abs/10.1002/joc.1377.

Begert, M. and C. Frei, 2018: Long-term area-mean temperature series for Switzerland—Combining homogenized station data and high resolution grid data. *International Journal of Climatology*, **38 (6)**, 2792–2807, doi:10.1002/joc.5460, URL https://doi.org/10.1002/joc.5460.

Böhm, R., I. Auer, W. Schöner, M. Ganekind, C. Gruber, A. Jurkovic, A. Orlik, and M. Ungersböck, 2009: Eine neue Website mit instrumentellen Qualitätsklimadaten für den Großraum Alpen zurück bis 1760. *Wiener Mitteilungen Band 216: Hochwässer: Bemessung, Risikoanalyse und Vorhersage*, 7–20, URL http://www.zamg.ac.at/histalp/download/abstract/Boehm-etal-2009c-F.pdf.

Ceppi, P., S. C. Scherrer, A. M. Fischer, and C. Appenzeller, 2012: Revisiting Swiss temperature trends 1959–2008. *International Journal of Climatology*, **32 (2)**, 203–213, doi:10.1002/joc.2260, URL https://rmets.onlinelibrary.wiley.com/doi/abs/10.1002/joc.2260.

Gobiet, A., S. Kotlarski, M. Beniston, G. Heinrich, J. Rajczak, and M. Stoffel, 2014: 21st century climate change in the European Alps—A review. *Science of The Total*

Environment, **493**, 1138–1151, doi:10.1016/j.scitotenv.2013.07.050, URL https://linkinghub.elsevier.com/retrieve/pii/S0048969713008188.

Gobiet, A., K. Ulreich, M. Hofstätter, A. Podesser, M. Olefs, J. Vergeiner, and G. Zenkl, 2017: Eine Analyse der langfristigen Entwicklung der hochalpinen Wintertemperaturen der Ostalpen nördlich des Alpenhauptkammes.

Pepin, N., et al., 2015: Elevation-dependent warming in mountain regions of the world. *Nature Climate Change*, **5**, 424, URL https://doi.org/10.1038/nclimate2563.

Philipona, R., 2013: Greenhouse warming and solar brightening in and around the Alps. *International Journal of Climatology*, **33 (6)**, 1530–1537, doi:10.1002/joc.3531, URL https://rmets.onlinelibrary.wiley.com/doi/abs/10.1002/joc.3531.

Tudoroiu, M., E. Eccel, B. Gioli, D. Gianelle, H. Schume, L. Genesio, and F. Miglietta, 2016: Negative elevation-dependent warming trend in the Eastern Alps. *Environmental Research Letters*, **11 (4)**, 044 021, doi:10.1088/1748-9326/11/4/044021, URL https://doi.org/10.1088%2F1748-9326%2F11%2F4%2F044021.

Wang, Q., X. Fan, and M. Wang, 2016: Evidence of high-elevation amplification versus Arctic amplification. *Scientific Reports*, **6 (1)**, doi:10.1038/srep19219, URL http://www.nature.com/articles/srep19219.

Wilks, D. S., 2011: *Statistical methods in the atmospheric sciences*. 3d ed., Elsevier, 166-168 pp.

Zentralanstalt für Meteorologie und Geodynamik (ZAMG), 2012: Histalp Station Map of the Greater Alpine Region. Accessed: 2019-05-28, http://www.zamg.ac.at/histalp/project/maps/station_map.php, accessed: 2019-05-28.

Zentralanstalt für Meteorologie und Geodynamik (ZAMG), Abteilung Brand- und Zivilschutz - Autonome Provinz Bozen, and Agenzia Regionale per la Prevenzione e Protezione Ambientale del Veneto (ARPAV), 2015a: Das Klima von Tirol - Südtirol - Belluno. Vergangenheit - Gegenwart - Zukunft. Accessed: 2019-05-28, http://www.alpenklima.eu, accessed: 2019-05-28.

Zentralanstalt für Meteorologie und Geodynamik (ZAMG), Abteilung Brand- und Zivilschutz - Autonome Provinz Bozen, and Agenzia Regionale per la Prevenzione e Protezione Ambientale del Veneto (ARPAV), 2015b: Homogenisierung von Temperatur und Niederschlag. Accessed: 2019-05-28, http://www.alpenklima.eu/index.php?option=com_content&view=article&id=224&catid=9&Itemid=244&lang=de, accessed: 2019-05-28.

More Books!

I want morebooks!

Buy your books fast and straightforward online - at one of world's fastest growing online book stores! Environmentally sound due to Print-on-Demand technologies.

Buy your books online at
www.morebooks.shop

Kaufen Sie Ihre Bücher schnell und unkompliziert online – auf einer der am schnellsten wachsenden Buchhandelsplattformen weltweit! Dank Print-On-Demand umwelt- und ressourcenschonend produzi ert.

Bücher schneller online kaufen
www.morebooks.shop

KS OmniScriptum Publishing
Brivibas gatve 197
LV-1039 Riga, Latvia
Telefax: +371 686 204 55

info@omniscriptum.com
www.omniscriptum.com

OMNIScriptum

FSC
www.fsc.org
MIX
Papier | Fördert
gute Waldnutzung
FSC® C083411

Kolibri 360 GmbH
Ferdinand-Jühlke-Straße 7
99095 Erfurt, Deutschland
produktsicherheit@kolibri360.de

Druck:
CPI Druckdienstleistungen GmbH
im Auftrag der
Kolibri 360 GmbH
Ferdinand-Jühlke-Str. 7
99095 Erfurt